ESV ERICH SCHMIDT VERLAG

Debitoren- und Kreditoren-buchhaltung

Mit Debitoren- und Kreditorenmanagement

Von

Birgitta Dennerlein
Steuerberaterin

ERICH SCHMIDT VERLAG

Bibliografische Information der Deutschen Nationalbibliothek
Die Deutsche Nationalbibliothek verzeichnet diese Publikation in der Deutschen Nationalbibliografie; detaillierte bibliografische Daten sind im Internet über https://dnb.d-nb.de abrufbar.

Weitere Informationen zu diesem Titel finden Sie im Internet unter
https://ESV.info/978-3-503-20627-8

Zitiervorschlag:
Dennerlein, Debitoren- und Kreditorenbuchhaltung

ISBN 978-3-503-20627-8 (gedrucktes Werk)
ISBN 978-3-503-20628-5 (eBook)

www.ESV.info

Druck: docupopint, Barleben

Vorwort

Die Debitoren- und Kreditorenbuchhaltung zählt zu den zentralen Bereichen des betrieblichen Rechnungswesens und ist wesentliches Instrument der Liquiditätssteuerung. Damit das Zahlenwerk stimmt, sind fachliches Know-how und „richtiges Buchen" entscheidend. Falschbuchungen können die gesamte Jahresbilanz beeinflussen.

Debitoren und Kreditoren spiegeln und bedingen sich gegenseitig. Ohne Debitoren können Kreditoren nicht bezahlt werden und ohne Kreditoren kann der Betriebs- oder Produktionsprozess nicht aufrechterhalten werden. Da Debitoren und Kreditoren eng in den Prozess des Einkaufs und Verkaufs eingebunden sind, können diese nur richtig erfasst und gebucht werden, wenn die vorgelagerten Prozesse wie beispielsweise Angebot, Bestellung, Materialprüfung etc. „rundlaufen". Dies verlangt u.a. einen guten Informationsaustausch mit den anderen Abteilungen.

Durch die fortschreitende Digitalisierung werden das betriebliche Rechnungswesen und damit auch die Debitoren- und Kreditorenbuchhaltung reformiert. Die papierlose Buchhaltung wird immer moderner. Automatisierte Prozesse erleichtern und beschleunigen das buchhalterische Erfassen der Ein- und Ausgangsrechnungen. Dies vereinfacht insbesondere den Neu- oder Quereinstieg in die Debitoren- und Kreditorenbuchhaltung. Der Job des Buchhalters durchlebt gerade einen Wandel in seiner Arbeitsweise – er wird immer mehr zum „Buchhaltroniker" bzw. zum „Daten-Analyse-Manager". Doch ohne fachliches Basiswissen ist man schnell an den Grenzen. Nicht zu unterschätzen sind Kenntnisse im Bereich der Umsatzsteuer bzw. Vorsteuer, die mit dem Buchen der Debitoren bzw. Kreditoren streng verknüpft sind. Die Umsatzsteuer wird nicht umsonst als die „Königin" der Steuern bezeichnet. Wenn die Umsatzsteuer bzw. Vorsteuer falsch gebucht werden, läuft das Unternehmen in die Gefahr von hohen steuerlichen Nachzahlungen durch Feststellungen des Betriebsprüfers. Solche Steuerrisiken gilt es unbedingt zu vermeiden! Da auch die Anforderungen an die Belege und Nachweise – insbesondere im internationalen Waren- und Wirtschaftsverkehr immer strenger werden, ist ein aktuelles Fachwissen auch in steuerlicher Hinsicht unerlässlich.

Mit diesem Buch erhalten Sie einen kompakten und praxisbezogenen Überblick über sämtliche relevante Inhalte der Debitoren- und Kreditorenbuchhaltung. Sie erfahren wichtige Hinweise und Tipps zur Organisation und Pflege der Stammdaten sowie zur Verwaltung der offenen Posten und den damit verbundenen Anforderungen zur Archivierung der Buchhaltungsunterlagen – auch in digitaler Form. Sie lernen das notwendige Basiswissen zu den umsatzsteuerlichen Regelungen wie die Entstehung der Vor- und Umsatzsteuer und deren Voraussetzungen. Musterrechnungen und Checklisten verdeutlichen, wie Rechnungen ordnungsgemäß aufgebaut sein sollten. Sonderfälle wie Anzahlungen, elektronische Rechnungen, Preisnachlässe und Rechnungskorrekturen werden näher erläutert. Anhand von praktischen Beispielen werden typische Praxisprobleme verdeutlicht. Zudem werden die Buchungsvorgänge für den Ein- und Verkauf im Inland und Ausland bzw. unter Berücksichtigung von Reverse Charge (§ 13b UStG) anhand von praktischen Beispielen verständlich erklärt. Nachweiserfordernisse und aktuelle Entwicklungen in der Gesetzgebung werden mit aufgeführt. Wichtige Informationen zum Debitoren- und Kreditorenmanagement, zum Mahnwesen und zur Absicherung von Forderungen werden in einem eigenen Kapitel erläutert. Der Abschluss des Buches umfasst vorbereitende Maßnahmen zur Jahresabschlusserstellung mit dem Fokus auf Wertberichtigungen von Forderungen und Fremdwährungsumrechnung sowie die Auswertung von Debitoren und Kreditoren durch Kennzahlen.

Ich hoffe, Ihnen mit diesem Buch wertvolle und praktische Tipps zu geben, die zielführend sowie gut verständlich sind. Ich wünsche Ihnen viel Freude beim Lesen und viel Erfolg beim Umsetzen. Ich weise darauf hin, dass die Kontennummern, die ich beispielhaft verwendet habe, dem DATEV Standardkontenrahmen SKR 04 entsprechen. Selbstverständlich sind die Kontennummern für Ihre eigenen buchhalterischen Zwecke anzupassen.

Bollschweil im Breisgau, im März 2022

Birgitta Dennerlein,
Steuerberaterin

Inhaltsverzeichnis

Abbildungsverzeichnis

Tabellenverzeichnis

1. Grundlagen

1.1 Das Kontokorrentkonto als „Anlage" zum Bestandskonto

Kontokorrentkonten sind nur Bestandskonten im indirekten Sinne. Sie erscheinen nicht als Bestandskonto in der Buchhaltung.

Kontokorrentkonten werden auf einem oder mehreren Sammelkonten zusammengefasst.

Sie sind somit lediglich „Anlage" zum Sammelkonto.

Die entsprechenden allgemeinen Sammelkonten sind je nach Kontenrahmen (siehe Tabelle 1).

Tabelle 1: Übersicht der allgemeinen Sammelkonten in den verschiedenen Kontenrahmen

SKR 04	SKR 03	IKR	GKR	
1200	1400	24	101	Forderungen aus Lieferungen und Leistungen
3300	1600	44	171	Verbindlichkeiten aus Lieferungen und Leistungen

Je nach Erfordernis können aber auch diese Sammelkonten unterteilt werden, siehe hierzu ausführlich in 1.2 „Organisationsformen".

Aus Vereinfachungsgründen werden sämtliche Buchungen, die im Weiteren aufgeführt sind, mit Kontonummern unter der Anwendung vom SKR 04 ergänzt.

Bilanzausweis erfolgt gemäß § 266 HGB (Tabelle 2).

Tabelle 2: Bilanzausweis des Kontokorrentkontos gemäß § 266 HGB

Aktivseite		
B.	Umlaufvermögen	
	II.	Forderungen und sonstige Vermögensgegenstände
		1. Forderungen aus Lieferungen und Leistungen
Passivseite		
C.	Verbindlichkeiten	
	…	
	4. Verbindlichkeiten aus Lieferungen und Leistungen	

1.2 Organisationsformen

Nachfolgende Organisationsformen sind in der Praxis anzutreffen, wobei manche nicht empfehlenswert sind. Sie sind im Nachfolgenden entsprechend als „empfehlenswert" bzw. „nicht empfehlenswert" gekennzeichnet. All diese Organisationsformen sind in der Praxis anzutreffen.

1.2.1 Organisation der Debitorenkonten

Mit den Debitorenkonten werden die Kundenforderungen buchhalterisch organisiert.

1.2.1.1 Debitoren-Einzelkonten

Debitoreneinzelkonten sind im Gegensatz zu den Sachkonten nicht vierstellig, sondern je nach Organisation der Buchführung mindestens fünfstellig, aber auch zehnstellige Debitorenkontonummern sind – bei entsprechendem Bedarf – anzutreffen.

Im Standardkontenrahmen SKR 04 sind die Kontokorrentkonten 5-stellig.

Für diese fünfstelligen Debitoreneinzelkonten sind 6 Klassen vorgesehen (siehe Tabelle 3).

Tabelle 3: Debitorenklassen im SKR 04

Debitorenklasse 1	10000 bis 19999
Debitorenklasse 2	20000 bis 29999
Debitorenklasse 3	30000 bis 39999
Debitorenklasse 4	40000 bis 49999
Debitorenklasse 5	50000 bis 59999
Debitorenklasse 6	60000 bis 69999

Somit stehen 60000 Konten zur Verfügung. Platz genug, um nach unterschiedlichen betriebsspezifischen Kriterien aufzuteilen.

Nachfolgend eine Aufzählung einiger Aufteilungsmethoden des Kunden-Kontokorrents.

1.2.1.1.1 Alphabetische Untergliederung

Die alphabetische Unterteilung ist bei Kontokorrentumfängen von **kleiner und mittlerer Größe** zu empfehlen, da sie einen guten Überblick bietet. Einzelne Kundenkonten lassen sich so schnell auffinden.

Oftmals wird in diesem Falle lediglich die Klasse 10000–19999 bebucht.

1.2.1.1.2 Fortlaufende Nummerierung

In Unternehmen, die das Kunden- und Auftragsmanagement EDV-gestützt abwickeln, wird zunehmend nicht mehr alphabetisch unterteilt.

Die Konten werden einfach in aufsteigender Reihenfolge im Kundenmanagementprogramm vergeben.

Umfangreiche Suchkriterien in der Kunden- und Auftragsmanagement-Software gewährleisten ein Auffinden. Die fortlaufende Nummerierung ist daher zeitgemäß und empfehlenswert.

1.2.1.1.3 Untergliederung nach Unternehmenssparten

Oftmals ergeben sich in einem Unternehmen mehrere völlig unterschiedliche Produktsparten, die unter Umständen auch vertriebsorganisatorisch von verschiedenen Abteilungen betreut werden.

Um diese Unterteilung auch in der Finanzbuchhaltung darzustellen, können den einzelnen Produktsparten/Abteilungen verschiedene Kontenklassen zugeordnet werden. In der Regel werden hierzu korrespondierend auch gesonderte Erlöskonten angelegt. Hierbei können aber theoretisch für einen Kunden mehrere Konten entstehen. Dies führt zu Unübersichtlichkeit.

Beispiel: (empfehlenswert)

Klasse 1: Einzelhandel Kunden (Endverbraucher)
Klasse 2: Großhandelskunden

Bezüglich Endverbrauchern und Großhandelskunden bestehen oftmals unterschiedliche Zahlungsziele, der Verzug kann unterschiedlich eintreten.

Beispiel: (nicht empfehlenswert)

Klasse 1: Produktgruppe 1
Klasse 2: Produktgruppe 2
usw.

1.2.1.1.4 Untergliederung nach Betriebstätten

Auch eine Unterteilung des Kontokorrents nach Betriebstätten ist gebräuchlich und empfehlenswert.

Beispiel:

Klasse 1: Kunden A-Stadt
Klasse 2: Kunden B-Stadt
Klasse 3: Kunden C-Stadt
usw.

1.2.1.1.5 Untergliederung nach Regionalität

Ist der Vertriebsbereich in verschiedene Gebiete oder gar Länder aufgeteilt, kann dies bei der Einteilung des Kontokorrents beachtet werden. Diese Art der Untergliederung ist empfehlenswert.

Aus den statistischen Werten zum Alter der Forderungen können Erkenntnisse gezogen werden, ob in einzelnen Gebieten ein durchschnittlich besseres oder schlechteres Zahlungsverhalten bzw. gutes oder schlechtes Mahnverhalten der Mahnabteilung vorliegt.

Dies kann Auswirkungen auf die Vergabe regional unterschiedlicher Zahlungskonditionen haben.

1.2.1.1.6 Untergliederung wegen Beteiligung oder verbundenes Unternehmen

Forderungen gegen

- Unternehmen, mit denen ein Beteiligungsverhältnis besteht,
- verbundene Unternchmen

sind in der Bilanz gesondert auszuweisen (§§ 266, 271 HGB).

Das Kontokorrent kann entsprechend gegliedert werden, so dass für diese Forderungen gesonderte Kontokorrentkontenklassen reserviert werden. Diese Untergliederung ist empfehlenswert.

> *„§ 271 HGB Beteiligungen. Verbundene Unternehmen*
>
> *(1) [1]Beteiligungen sind Anteile an anderen Unternehmen, die bestimmt sind, dem eigenen Geschäftsbetrieb durch Herstellung einer dauernden Verbindung zu jenen Unternehmen zu dienen. […]*
>
> *(2) Verbundene Unternehmen im Sinne dieses Buches sind solche Unternehmen, die als Mutter- oder Tochterunternehmen (§ 290) in den Konzernabschluss eines Mutterunternehmens nach den Vorschriften über die Vollkonsolidierung einzubeziehen sind, […].“*

Alternative:

Sofern eine Untergliederung in Kontokorrentgruppen für Beteiligungen bzw. verbundene Unternehmen nicht vorgenommen wird, erfolgt in der Bilanz ein unzutreffender Ausweis unter der Position „Forderungen aus Lieferungen und Leistungen“.

Um dies zu verhindern, könnte der Gesamtsaldo der betreffenden Debitoren bzw. Kreditoren zum Zwecke der Bilanzerstellung über ein Sammelkonto ausgebucht werden.

Beispiel:

Debitoren: Forderungen gegenüber Beteiligungsunternehmen
an 69999

Kreditoren:	99999
	an Verbindlichkeiten gegenüber Beteiligungsunternehmen

Diese Alternative löst das Erfordernis des separaten Ausweises sehr einfach.

1.2.1.2 Debitoren-Sammelkonten

Üblicherweise ist standardmäßig ein Sammelkonto für alle Debitoren in den Finanzbuchhaltungsprogrammen vorprogrammiert, das die Endsumme der Einzelkontokorrentkonten aufnimmt.

Die Einzelkontokorrentkonten sind lediglich „Anlage" zu diesem Sammelkonto.

Beim SKR 04 ist dies das Konto 1200 „Forderungen aus Lieferungen und Leistungen".

Daneben sind für weitere Unterteilungen Konten reserviert:

– im Forderungsbereich die Konten 1201 bis 1206 (6 Konten)

Sie werden in der Regel korrespondierend zur Debitoreneinzelkontenklasse angelegt (vgl. Tabelle 4).

Tabelle 4: Zuordnung der Debitoreneinzelkonten zu Sammelkonten im SKR 04

Debitoreneinzelkonten 10000–19999	zugeordnetes Sammelkonto 1201
Debitoreneinzelkonten 20000–29999	zugeordnetes Sammelkonto 1202
Debitoreneinzelkonten 30000–39999	zugeordnetes Sammelkonto 1203
Debitoreneinzelkonten 40000–49999	zugeordnetes Sammelkonto 1204
Debitoreneinzelkonten 50000–59999	zugeordnetes Sammelkonto 1205
Debitoreneinzelkonten 60000–69999	zugeordnetes Sammelkonto 1206

1.2.2 Organisation der Kreditorenkonten

Mit den Kreditorenkonten werden hauptsächlich die Lieferantenverbindlichkeiten buchhalterisch organisiert.

Oftmals wird in Finanzbuchhaltungen aber das Konto „Sonstige Verbindlichkeiten" unzulässiger Weise überstrapaziert. Kleinere normale Verbindlichkeiten aus erhaltenen Leistungen werden oft über „Sonstige Verbindlichkeiten" gebucht. Dies ist nicht richtig, es führt zu einem unkorrekten Bilanzausweis.

Beispiele:

- Telefonrechnung Dezember, bezahlt Januar
- Stromrechnung
- unbezahlte Versicherungsprämien

Auch diese Verbindlichkeiten sind „Verbindlichkeiten aus Lieferungen und Leistungen" und dürfen deshalb nicht als „Sonstige Verbindlichkeiten" ausgewiesen werden.

Beispiel einer „Sonstigen Forderung" im Zusammenhang mit dem Kontokorrent wäre ein einen Sollsaldo ausweisendes Kreditorenkonto, das durch die Doppelzahlung einer Rechnung entstanden ist. Dies darf nicht mit den übrigen Kreditorenkonten saldiert werden (Verrechnungsverbot § 246 Abs. 2 HGB).

1.2.2.1 Kreditoren-Einzelkonten

Auch die Kreditoreneinzelkonten sind im Gegensatz zu den Sachkonten nicht vierstellig, sondern mindestens fünfstellig.

Für die Kreditoreneinzelkonten sind im SKR 04 insgesamt 3 Klassen vorgesehen (siehe Tabelle 5).

Tabelle 5: Kreditorenklassen im SKR 04

Kreditorenklasse 7	70000 bis 79999
Kreditorenklasse 8	80000 bis 89999
Kreditorenklasse 9	90000 bis 99999

Somit stehen 30000 Konten zur Verfügung. In aller Regel Platz genug, um nach betriebsspezifischen Kriterien aufzuteilen.

1.2.2.1.1 Alphabetische Untergliederung

Die alphabetische Untergliederung ist bei kleinen und mittleren Kontokorrenten zu empfehlen, da sie einen guten Überblick bietet. Einzelne Kreditorenkonten lassen sich so schnell auffinden. Oftmals wird in diesem Falle lediglich die Klasse 70000–79999 bebucht.

1.2.2.1.2 Fortlaufende Nummerierung

Die fortlaufende Nummerierung kommt bei Kreditoren in der Regel nicht vor. Die alphabetische Organisation ist übersichtlicher. Das Auffinden von Kreditorenkonten wird durch Suchfunktionen von den gängigen Finanzbuchhaltungssoftwaren unterstützt.

1.2.2.1.3 Untergliederung wegen Beteiligung oder verbundenes Unternehmen

Verbindlichkeiten gegen Unternehmen, mit denen ein Beteiligungsverhältnis besteht, und verbundene Unternehmen sind in der Bilanz gesondert auszuweisen (§ 266 HGB).

Das Kontokorrent kann entsprechend gegliedert werden, so dass für diese Verbindlichkeiten gesonderte Kontokorrentkontenklassen reserviert werden.

> *„§ 271 HGB Beteiligungen, Verbundene Unternehmen*
>
> *(1) [1]Beteiligungen sind Anteile an anderen Unternehmen, die bestimmt sind, dem eigenen Geschäftsbetrieb durch Herstellung einer dauernden Verbindung zu jenen Unternehmen zu dienen. […]*

(2) Verbundene Unternehmen im Sinne dieses Buches sind solche Unternehmen, die als Mutter- oder Tochterunternehmen (§ 290) in den Konzernabschluss eines Mutterunternehmens nach den Vorschriften über die Vollkonsolidierung einzubeziehen sind, [...].“

1.2.2.2 Kreditoren-Sammelkonten

Üblicherweise ist standardmäßig ein Sammelkonto für alle Kreditoren in den Finanzbuchhaltungsprogrammen vorprogrammiert, das die Endsumme der Einzelkontokorrentkonten aufnimmt.

Die Einzelkontokorrentkonten sind lediglich „Anlage“ zu diesem Sammelkonto.

Beim SKR 04 ist dies das Konto 3300 „Verbindlichkeiten aus Lieferungen und Leistungen“.

Daneben sind für weitere Unterteilungen Konten reserviert:

- im Verbindlichkeitsbereich die Konten 3301 bis 3303 (3 Konten)

Sie werden in der Regel korrespondierend zur Kreditoreneinzelkontenklasse angelegt (vgl. Tabelle 6).

Tabelle 6: Zuordnung der Kreditoreneinzelkonten zu Sammelkonten im SKR 04

Kreditoreneinzelkonten 70000–79999	zugeordnetes Sammelkonto 3301
Kreditoreneinzelkonten 80000–89999	zugeordnetes Sammelkonto 3302
Kreditoreneinzelkonten 90000–99999	zugeordnetes Sammelkonto 3303

1.2.3 Unterdrückung ausgeglichener Konten

Wenn ein Kontokorrentkonto zum Beispiel durch Bezahlung des offenen Betrages ausgeglichen wird, ist seine Darstellung in der Summen- und Saldenliste nicht mehr erforderlich.

In vielen Finanzbuchhaltungsprogrammen kann die Unterdrückung ausgeglichener Konten deshalb optional geschlüsselt werden.

In der Summen- und Saldenliste werden diese Konten dann nicht mehr aufgeführt.

Dies trägt zur Übersichtlichkeit der Summen- und Saldenliste erheblich bei und vermeidet unnötigen Papieranfall.

1.3 Buchung und Pflege des Kontokorrents

Wesen des Kontokorrentkontos ist, dass es nicht bloß mit Buchungen auf einer Kontenseite angefüllt wird, wie beispielsweise ein Kostenkonto.

Auf einem Kostenkonto werden im Verlauf des Geschäftsjahres im Soll Kostenbuchungen angesammelt.

Beispiel:

Barzahlung für Benzin an der Tankstelle

6530 Kfz-Betriebskosten

1406 Vorsteuer an 1600 Kasse

Auf den Erlöskonten wird im Haben angesammelt:

Beispiel:

Barzahlung eines Kunden (Barverkauf)

1600 Kasse an 4400 Erlöse

an 3806 Umsatzsteuer

In den Beispielen unter Punkt 1.3 sammeln sich Buchungen im Soll auf dem Konto „Kfz-Betriebskosten", und im Haben auf dem Konto „Erlöse".

1.3.1 Das Kontokorrentkonto

Im Gegensatz dazu strebt das Kontokorrentkonto nicht nach einer Ansammlung von Buchungen auf einer Kontenseite.

Das Kontokorrentkonto wird regelmäßig auf beiden Kontenseiten bebucht und strebt nach einem Ausgleich, im Idealfall „null". Dieser Ausgleich ergibt sich durch Verbuchung der Bezahlung nach erfolgter Verbuchung der Sollstellung.

Beispiel: Kontokorrentkonto

Konto 10002 ABC-GmbH, München:

Datum	Gegenkonto	Text	Belegfeld 1 Rechnungs-Nummer	Soll	Haben
10.01.	4400	Rechnung	45687	1.190,00 Euro	
20.01.	4400	Rechnung	69898	5.950,00 Euro	
10.02.	4400	Rechnung	78746	11.900,00 Euro	
15.02.	1800	Zahlung	45687		1.190,00 Euro
16.02.	4400	Rechnung	85687	23.800,00 Euro	
18.02.	1800	Zahlung	69898		5.950,00 Euro
20.02.	4400	Rechnung	98687	47.600,00 Euro	
28.02.	1800	Zahlung	78746		11.900,00 Euro
				71.400,00 Euro	

Zu unterscheiden ist das EDV-erstellte Offene-Posten-Konto, auf dem nur die offenen Posten aufgeführt sind.

1.3.2 Buchung eines Warenverkaufs auf Ziel

Buchung der Rechnung vom 10.01. im Beispiel unter Punkt 1.3.1 erfolgt wie nachstehend (Debitor 10002):

10002	Debitorenkonto	1.190,00 Euro	an 4400	Erlöse	1.000,00 Euro
			an 3806	USt 19 %	190,00 Euro

1.3.3 Buchung der Bezahlung einer Kundenrechnung

Bei Zahlung (hier ohne Abzug) wird wie folgt verbucht.

1800	Bank	1.190,00 Euro	an 10002	Debitorenkonto	1.190,00 Euro

Das Debitorenkonto ist nun ausgeglichen.

1.3.4 Buchen des Wareneinkaufs auf Ziel

Der Wareneinkauf wird üblicher Weise über das Wareneingangskonto gebucht:

Beispiel:

Wareneinkauf auf Ziel 119,00 Euro geliefert von der ABC-GmbH

5400	Wareneingang	100,00 Euro	an 70003	Kreditor ABC-GmbH	119,00 Euro
1406	Vorsteuer 19 %	19,00 Euro			

Buchung bei Bezahlung:

70003	Kreditor ABC-GmbH	119,00 Euro	an 1800	Bank	119,00 Euro

1.3.5 Buchen der übrigen Kosten

Die Buchung der Kosten läuft ebenso über entsprechende Aufwandskonten.

Beispiel:

Rechnung für Zeitungswerbeanzeige über 119,00 Euro

6600	Werbekosten	100,00 Euro	an 70003	Kreditor Allgemeine Zeitung	119,00 Euro
1406	Vorsteuer 19 %	19,00 Euro			

Buchung bei Bezahlung:

70003	Kreditor	119,00 Euro	an 1800	Bank	119,00 Euro

1.3.6 Buchen von Dauerschuldverhältnissen

Dauerschuldverhältnisse werden oftmals nicht über Kreditorenkonten gebucht, sondern lediglich direkt bei der Bezahlung, zum Beispiel:

6310 Mietaufwand	an 1800 Bank
ggf. 1406 Vorsteuer 19 %	

Im Falle des Zahlungsverzuges jedoch unterbleiben bei dieser Buchungssystematik wegen Nichtzahlung jegliche Buchungen.

Damit stellt die Buchhaltung aber kein zutreffendes Bild über die Vermögens- und Ertragslage mehr dar.

- Die Verbindlichkeiten aus Lieferungen und Leistungen sind zu gering dargestellt,
- Kostenbuchungen fehlen,
- Vorsteuer wurde nicht in Anspruch genommen.

Eine etwaige Insolvenzantragspflicht könnte zu spät erkannt werden, was zur persönlichen Haftung der Geschäftsführung führen kann.

Im Falle des eigenen Zahlungsverzuges muss deshalb die Kontokorrentbuchhaltung reagieren.

Die Dauerschuldverhältnisse müssen erfasst werden. Dies sind insbesondere

- laufende Mieten,
- laufende Pachten,
- jährliche Versicherungsprämien,
- laufende Leasingraten.

Ein häufig begangener Fehler ist auch, solche Verbindlichkeiten über das Konto „Sonstige Verbindlichkeiten" zu buchen. Es handelt sich jedoch um normale Verbindlichkeiten aus Leistungen. Diese sind deshalb in der Bilanzposition „Verbindlichkeiten aus Lieferungen und Leistungen" auszuweisen.

Buchungssatz bei Zahlungsverzug der Miete:

6310 Mietaufwand	an Kreditorenkonto
ggf. 1406 Vorsteuer 19 %	

Erwägen Sie, ob nicht über die Hinterlegung mittels der Funktion „wiederkehrende Buchungen" alle diese Buchungen automatisch monatlich ausgeführt werden sollten.

Buchungssatz bei Zahlung:

Kreditorenkonto an Bank

Ggf. für solche Kreditoren eine gesonderte Kreditorenklasse anlegen, wenn gewünscht.

Sofern Umsatzsteuer geschuldet wird, besteht die Vorsteuerabzugsberechtigung nicht mit dem Monat der Zahlung, sondern schon mit dem Leistungsmonat (Vorsteuerausweis vorausgesetzt). Bei obiger Buchungsmethode wird dem Rechnung getragen, der Vorsteuerabzug wird rechtzeitig vorgenommen.

1.3.7 Pflege des Kontokorrentkontos („Klassische Version")

Wie das obige Beispiel zeigt, sind auf dem Kontokorrentkonto stets eine Vielzahl von Belastungen und Entlastungen (Soll- und Haben-Buchungen). Die Pflege des Kontos verfolgt den Zweck, das Konto übersichtlich zu halten. Ohne OPOS-Modul im Buchhaltungsprogramm eine mühevolle Arbeit.

Die Pflege liegt darin, sich ausgleichende Buchungen aufzufinden und als ausgeglichen zu kennzeichnen.

Die Kennzeichnung erfolgt

- durch Ausziffern oder
- durch Durchstreichen (aber bitte mit Bleistift!).

Eine antiquierte – klassische – Methode. Sie sei dennoch zum Verständnis der nachfolgenden EDV-gestützten Methode dargestellt.

Beispiel:

gepflegtes Kontokorrentkonto sowohl nach der Ausziffermethode als auch nach der Durchstreichmethode

Konto 10002 ABC-GmbH, München:

Datum	Gegenkonto	Text	Belegfeld 1 Rechnungs-Nummer	Soll	Haben	Auszifferung
10.01.	4400	Rechnung	45687	~~1.190,00 Euro~~		1
20.01.	4400	Rechnung	69898	~~5.950,00 Euro~~		2
10.02.	4400	Rechnung	78746	~~11.600,00 Euro~~		3
15.02.	1800	Zahlung	45687		~~1.190,00 Euro~~	1
16.02.	4400	Rechnung	85687	23.800,00 Euro		
18.02.	1800	Zahlung	69898		~~5.950,00 Euro~~	2
20.02.	4400	Rechnung	98687	47.600,00 Euro		
28.02.	1800	Zahlung	78746		~~11.600,00 Euro~~	3
				71.400,00 Euro		

Durchstreichen alleine gibt nicht die Möglichkeit einer schnellen Nachvollziehbarkeit.

Deshalb ist die Auszifferung in jedem Fall zu empfehlen, das Durchstreichen kann parallel dazu erfolgen.

Auch eine solche Auszifferung kann bei steigender Buchungsanzahl unübersichtlich werden. Deshalb ist ein Rechenstreifen aus der Rechenmaschine hilfreich. Auf ihm werden nur die unausgeglichenen Buchungen erfasst und mit entsprechender Auszifferung versehen.

1.3.8 Zahlungsausgleich mit Skontoabzug

Bei Zahlung unter Abzug von Skonto kann eine automatische Skontoausbuchung erfolgen. Die Kontopflege findet somit bei Verbuchung der Eingangsrechnung statt.

Die zu bebuchenden Skontokonten (unter Berücksichtigung verschiedener USt-Sätze!) sind mit Kontonummer in den Stammdaten hinterlegt.

Bei Zahlungsverbuchung werden die Debitoren- bzw. Kreditorenkontonummer und die Rechnungsnummer angegeben.

Damit erkennt ein OPOS-Programm die Differenz und gibt folgende Daten auf dem Bildschirm aus:

- Höhe des Abzuges in Euro
- Höhe des Abzuges in %
- Zahlungseingang nach × Tagen
- USt-Satz der Ausgangsrechnung

Die Buchhalter kann nun den Skontoabzug akzeptieren, in diesem Fall wird die Skontobuchung automatisch ausgeführt. Manche Softwares führen diese Buchung ebenfalls automatisch aus, sofern dies in den Stammdaten freigegeben wurde.

Buchungssätze:

Ursprüngliche Buchung der Rechnung Debitor 10002:

10002	Debitorenkonto	1.190,00 Euro	an 4400	Erlöse	1.000,00 Euro
			an 3806	USt 19 %	190,00 Euro

Bei Zahlung erfolgt nach Abzug von 3 % Skonto. Auf der Bank geht der verringerte Betrag von 97 % ein:

1800	Bank	1.154,30 Euro	an 10002	Debitorenkonto	1.154,30 Euro

Der Skontobetrag wird automatisch ausgebucht:

4376	Gewährte Skonto	30,00 Euro	an	10002	Debitorenkonto	35,70 Euro
3806	USt 19 %	5,70 Euro				

Das Debitorenkonto ist ausgeglichen:

1.190,00 Euro ./. 1.125,20 Euro ./. 35,70 Euro = 0,00 Euro

Bei der Bezahlung von Kreditorenrechnungen wird dieser Vorgang entsprechend ausgeführt.

1.3.9 Kleindifferenzenausgleich

Differenzen aufgrund von Minderzahlungen, die nicht schon mit dem Skontoausgleich bei Verbuchung der Zahlung ausgeglichen wurden, können auch nachträglich noch über den Kleindifferenzenausgleich ausgebucht werden.

Kleindifferenzen sind grundsätzlich zu hinterfragen, zu klären und ggf. auszubuchen (über Skonto). Je nach Software kann eine Wesentlichkeitsgrenze auch im System hinterlegt werden. Hierzu wird eine Buchungsvorschlagsliste erzeugt, die einzeln bearbeitet und zur automatischen Verbuchung freigegeben werden kann.

Vorsicht: Wurden Rechnungen gebucht, die niedriger sind als der als Kleindifferenz vorgegebenen Schwellenwert, so werden diese ebenfalls zur Ausbuchung vorgeschlagen!

1.4 Offene-Posten-Verwaltung (OPOS)

Die „Offene-Posten-Buchhaltung" (kurz: „OPOS") bezieht ihre Daten aus dem Buchungssatz der Finanzbuchhaltung. Sie ist eine Nebenbuchhaltung zur Finanzbuchführung.

Wichtiges Kriterium für die Durchführung der OPOS-Funktionen ist die Angabe der Rechnungsnummer im Buchungssatz.

Anhand der Rechnungsnummer werden Belastungs- und Entlastungsbuchungen zu einer Rechnung miteinander saldiert. Ergibt der Saldo null, erfolgt die Streichung aller Buchungen auf dem Offene-Posten-Konto.

Die Offene-Posten-Buchhaltung ist keine doppelte Buchhaltung wie die Finanzbuchführung. Sie ist demnach auch nicht gesetzlicher Bestandteil der Finanzbuchführung. Die Offene-Posten-Buchhaltung ist ein geeignetes Instrument zur Automatisierung des Debitoren- und Kreditorenmanagements.

1.4.1 Die OPL – Offene-Posten-Liste

Die „Offene-Posten-Liste“ (kurz: „OPL“) ist ein weiteres Kernstück der OPOS-Auswertungen. Sie ist vergleichbar mit der Summen- und Saldenliste der Finanzbuchhaltung.

Es werden aber keine Endsummen alleine aufgeführt, sondern alle unausgeglichenen Buchungen jedes Kontokorrentkontos.

Dabei erscheinen keine Saldenvorträge in einer Sammelanzeige wie in der Finanzbuchführung, denn im Gegensatz zur Finanzbuchführung wird in der OPOS-Anwendung der Datenbestand jahresübergreifend geführt.

Deshalb können auch die unausgeglichenen Posten aus Vorjahren einzeln aufgeführt werden.

1.4.2 Das Offene-Posten-Konto

Kern der Offenen-Posten-Buchhaltung ist das „Offene-Posten-Konto“, welches zu jedem Kontokorrentkonto (Debitoren und Kreditoren) erstellt wird.

> *Merke:*
> Das OP-Konto ist eine Anlage zum Kontokorrentkonto.

Das Offen-Posten-Konto erläutert auf sehr übersichtliche Weise das Kontokorrentkonto, indem es nur die unausgeglichenen Buchungen zeigt.

Dadurch wird das mühevolle Ausziffern des Kontokorrentkontos überflüssig.

Wesentlicher Unterschied zum Kontokorrentkonto der Finanzbuchhaltung ist die

- jahresübergreifende Darstellung des Offen-Posten-Kontos sowie die
- Unterdrückung der ausgeglichenen Buchungen.

Die jahresübergreifende Darstellung auf dem OP-Konto ist eine seiner herausragenden Stärken.

Beispiel: OPOS-Konto

Konto 10002 ABC-GmbH, München:

Datum	Fälligkeit	Gegenkonto	Text	Belegfeld 1 Rechnungs-Nummer	Soll	Haben
16.02.	26.02.	4400	Rechnung	85687	23.800,00 Euro	
20.02.	30.02.	4400	Rechnung	98687	47.600,00 Euro	
					71.400,00 Euro	

Die Zahlungen welche zum Ausgleich von anderen Rechnungen führten werden nicht mehr angezeigt, ebenso deren Verbuchung der Rechnungen.

1.4.3 Fälligkeitsliste

In den Stammdaten wird sowohl für Debitoren als auch für Kreditoren generell geschlüsselt, wann die Fälligkeit eintritt. Darüber hinaus kann abweichend hiervon für jedes Kontokorrentkonto eine abweichende Fälligkeit geschlüsselt werden.

Mit weiterer Priorität kann eine einzelne Rechnung mit individueller Fälligkeit eingebucht werden.

Wird nichts angegeben, dann ist die Fälligkeit das Buchungsdatum.

Die Fälligkeitsliste zeigt monatlich, oder wahlweise wöchentlich oder täglich die fälligen Debitoren und Kreditoren und zieht jeweils die Differenz (vgl. Beispiel unter 1.4.3).

Beispiel:

Debitor-Nr.	Text	Rechnungs-Nr.	Datum	Fälligkeit	Soll in Euro	Haben in Euro	Saldo in Euro	Fällig in Euro
10002	Lustig GmbH	2014102	30.03.01	19.04.01	23.800,00		23.800,00	19
10003	Klein GmbH	2014503	29.01.01	18.02.02	47.600,00		47.600,00	338
10004	Groß KG	2014702	10.04.01			1.400,00	-1.400,00	
					----------	----------	----------	
					71.400,00	1.400,00	70.000,00	

Aus der Fälligkeitsliste können etliche Informationen bezogen werden:

- Wann und in welcher Höhe sind Zahlungseingänge zu erwarten?
- Wie ist das Zahlungsverhalten der Kunden?
- Welche Zahlungen müssen bis zu einem bestimmten Zeitpunkt geleistet werden?
- Wie hoch und wie alt sind die Forderungen?
- Arbeitet die Mahnabteilung effizient?
- Müssen die Zinsausfälle wegen überalterter Forderungen in die Warenzuschlagskalkulation mit einbezogen werden und in welcher Höhe?
- Wie hoch und wie alt sind die Verbindlichkeiten?
- Ist das Unternehmen in der Lage fristgerecht zu bezahlen?
  Diese Information könnte auch von der Hausbank eingefordert werden.
- Wie verhalten sich Debitoren zu Kreditoren?
  Warnsignal: Debitoren nehmen ab, Kreditoren steigen trotzdem an.
- Wie entwickelt sich die Liquidität des Unternehmens?
- Gegenüberstellung pro Monat von Debitoren und Kreditoren

(Übrige Zahlungsflüsse müssen natürlich auch noch beachtet werden).

Daraus ergeben sich beispielsweise folgende Handlungsalternativen die von der Geschäftsleitung beachtet werden sollten:

- Droht eine Zahlungsunfähigkeit? Das ist ein Antragsgrund auf Eröffnung des Insolvenzverfahrens. Bei unterlassener Beantragung durch die Geschäftsführung droht insbesondere bei Kapitalgesellschaften unter Umständen die persönliche Haftungsinanspruchnahme der Geschäftsführer.
- Ist die Ausweitung des Kontokorrentkreditvolumens bei der Bank zu beantragen? Dies sollte frühzeitig geschehen. Nur so kann die Bank Vertrauen in ihren Kunden haben. Zeigen Sie damit, dass im Unternehmen nichts dem Zufall überlassen bleibt.
- Entsteht ein hoher Liquiditätsüberschuss? In welcher Höhe und in welcher Fristigkeit kann eine zinsbringende Festgeldanlage vorgenommen werden?

1.4.4 Zahlungsvorschlag

Fällige Kreditorenrechnungen werden zur Zahlung vorgeschlagen. Wenn im Stammdatensatz die Bankverbindung geschlüsselt ist, kann eine Datei zum Datenaustausch mit der Bank erzeugt werden.

Aus dieser Auswertung können auch Entscheidungen zur Skontierung von Kreditorenrechnungen, je nach Liquidität des Unternehmens, getroffen werden.

1.4.5 Lastschriftvorschlag

Fällige Debitorenrechnungen werden zur Lastschrift vorgeschlagen. Wenn im Stammdatensatz die Bankverbindung geschlüsselt ist, kann eine Datei zum Datenaustausch mit der Bank erzeugt werden.

1.4.6 Der Mahnvorschlag

Die Mahnvorschlagsliste zeigt die zu mahnenden Kunden und die Mahnstufe.

Es kann selektiert werden,

- wer gemahnt wird
- und wer nicht.

1.4.7 Die Mahnung

Obligatorisch für jedes OPOS-Programm.

1.4.8 Debitorenanalyse

Die Debitorenanalyse im Programm zeigt

- die Entwicklung des Ist-Umsatzes im Vergleich zum Plan-Umsatz,
- Informationen über die Zahlungsweise der Kunden.

1.4.9 ABC-Analyse

Mit der ABC-Analyse können die Debitoren oder die Kreditoren z. B. in drei Umsatzklassen unterteilt werden.

Die ABC-Analyse zeigt die Anzahl der Konten innerhalb der definierten Umsatzklassen.

Es ordnet nach Umsatz und zeigt den Prozentanteil vom Gesamtumsatz pro Konto (vgl. Abbildung 1).

	März 01 EUR	**März 02** EUR
1 Möbelhaus Neuhaus	219.583,23	228.454,11
2 Möbel Holzner	158.735,45	187.342,12
3 Trost Möbel	97.201,10	92.478,10
4 Versandhaus Zeuge	83.555,42	112.478,12
5 Einrichtungshaus Müller	71.078,21	84.333,52
6 Möbel Antik	55.123,12	57.012,22
7 Tischler Schmitt	57.123,88	59.045,21
8 Frisch Polierer	47.211,54	51.478,36
9 Möbel Schnell	41.348,23	47.211,58
10 Einrichtungshaus Sonne	33.745,11	41.301,98

Abbildung 1: Beispiel einer ABC-Analyse
(Quelle: Eigene Darstellung)

Aus der Tabelle können Sie die A-, B- und C-Kunden auf einem Blick im Vergleich zum Vorjahr erkennen. Potenzielle Abhängigkeiten von Kunden und Lieferanten werden ersichtlich. Zudem kann diese Tabelle Basis für Bonusverhandlungen sein.

Aus der ABC-Analyse können etliche Informationen bezogen werden:

- Wie ist das Verhältnis von Klein- Mittel- und Großkunden zueinander?
- Ist das Unternehmen von Großkunden abhängig? (= Negativkriterium)
- Ist das Unternehmen auf wenige Lieferanten angewiesen?
- Welche Kunden haben welche Umsatzgrenzen überschritten?
- Welchen Kunden sind deshalb Jahresboni zu gewähren und in welcher Höhe?

Die ABC-Analyse ist somit eine wichtige Auswertung für die Bank, wenn das Unternehmen das Rating durchführt. Deshalb fordern Banken immer öfter auch diese Auswertung an.

Hinweis: Fehlerquelle bei der ABC-Analyse

Oftmals werden in Kontokorrenten sog. Sammelkonten angelegt, zum Beispiel „Diverse A", „Diverse B" usw. Dadurch wird die ABC-Analyse fehlerhaft.

Werden beispielsweise viele Kleindebitoren in der Summe als ein Großdebitor dargestellt, kann dies zu einem schlechteren Rating führen; denn die Bank achtet darauf, dass ein Unternehmen möglichst nicht von wenigen Großkunden abhängig ist.

1.4.10 Debitoren-/Kreditorensaldenbestätigung

Aus Gründen der Jahresabschlussprüfung tauschen Unternehmen Saldenbestätigungen aus. Auch dies sollte ein OPOS-Programm automatisch erledigen können.

Saldenbestätigungen werden regelmäßig vom Wirtschaftsprüfer angestoßen. Sie dienen der Plausibilisierung von Höhe und Vollständigkeit der Forderungen bzw. Verbindlichkeiten. Große Unternehmen verweigern oft die Antwort. Ein Anspruch auf ausgefüllte Saldenbestätigungen besteht nicht.

1.4.11 Geschäftspartnerliste

Wenn zum Debitoren- bzw. Kreditorensatz auch Daten die

- Anschrift
- Bankverbindung

geschlüsselt werden, ist die Geschäftspartnerliste eine willkommene Informationsquelle.

Problematisch jedoch, wenn eine vollständige Darstellung der korrekten Firmierung nicht möglich ist.

1.5 Saldenvortrag beim Jahreswechsel

Zum Geschäftsjahreswechsel werden die Kontokorrentkonten, wie alle Bestandskonten auch, durch Saldovortrag in die Anfangsbilanz des Folgegeschäftsjahres übernommen.

Dabei wird in der Regel keine Anfangsbilanz ausgedruckt, denn diese entspricht der Schlussbilanz des Vorjahres. Dies entspricht dem **Grundsatz des Bilanzzusammenhangs.**

> *„§ 252 Abs. 1 Nr. 1 HGB*
>
> *Die Wertansätze in der Eröffnungsbilanz des Geschäftsjahrs müssen mit denen der Schlussbilanz des vorhergehenden Geschäftsjahrs übereinstimmen."*

Folgende Saldovortragskonten werden in der Regel bebucht (Tabelle 7).

Tabelle 7: Übersicht der Saldovortragskonten

Konto 9000	Saldovortrag Sachkonten
Konto 9008	Saldovortrag Debitoren
Konto 9009	Saldovortrag Kreditoren

Dabei werden bei Durchführung der Buchungen bei DATEV auf dem Konto 9000 die Konten

- 1200 Sammelkonto Forderungen aus Lieferungen und Leistungen,
- 3300 Sammelkonto Verbindlichkeiten aus Lieferungen und Leistungen

ausgenommen und nicht gebucht.

Somit kann das Konto 9000 alleine auch nie ausgeglichen sein. Die Salden der Sammelkonten werden nicht vorgetragen.

Stattdessen werden die „Anlagen" zu diesen Sammelkonten – die Kontokorrenteinzelkonten – einzeln vorgetragen. Hierfür sind die Vortragskonten 9008 (Debitoren) und 9009 (Kreditoren) vorgesehen.

Alle Vortragskonten (9000, 9008 und 9009) gleichen sich insgesamt aus, sofern alle Vortragsbuchungen vorgenommen wurden.

Die Buchungssätze zum Saldovortrag sehen wie folgt aus.

Vortrag eines Debitorenkontos:

Konto 10002	Kunde ABC GmbH	an 9008	Saldovortrag Debitoren

Vortrag eines Kreditorenkontos:

Konto 9009	Saldovortrag Kreditoren	an 70002	Lieferant AAB GmbH

Der Saldo auf dem Konto 9008 „Saldovorträge Debitoren" muss dem Schlussbilanzansatz „1200 Forderungen aus Lieferungen und Leistungen" entsprechen.

Der Saldo auf dem Konto 9009 „Saldovorträge Kreditoren" muss dem Schlussbilanzansatz „3300 Verbindlichkeiten aus Lieferungen und Leistungen" entsprechen.

> *Merke:*
>
> Die Kontokorrentkonten sind „Anlagen" zum Konto 1200 und 3300.
>
> Alle Vortragskonten (9000 + 9008 + 9009) müssen null ergeben.

Die Buchung über Saldovortragskonten ist in der Finanzbuchhaltung unbedingt erforderlich um korrekte Kontosalden zu erzeugen. In der Offenen-Posten-Buchhaltung hingegen sind diese Buchungen belanglos, denn der OPOS-Bestand wird im Gegensatz zum FIBU-Bestand jahresübergreifend geführt.

1.6 Periodenabgrenzung

Erlöse und Aufwendungen sind im Jahr der wirtschaftlichen Verursachung zu erfassen und nicht erst bei Rechnungsein- oder -ausgang. Probleme treffen regelmäßig am Stichtag auf, wenn der Warenabgang bzw. -zugang im alten Jahr gebucht wird, die Rechnung jedoch erst im neuen Jahr berücksichtigt wird. In solchen Fehlen tritt ein Periodenabgrenzungsfehler ein, der teils zu hohen Verschiebungen führt.

Beispiel:

Verkauf von Waren in 01, die Rechnung wird jedoch erst in 02 gestellt

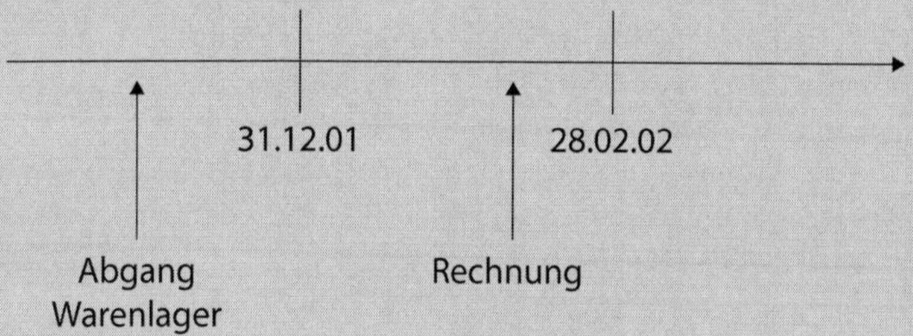

Auch wenn die Rechnung im alten Jahr noch nicht geschrieben ist, **muss** zudem Umsatzsteuer berücksichtigt werden. Die Buchung lautet am Stichtag:

1200	Forderungen	an 4400	Erlöse
		an 3806	Umsatzsteuer

Die Buchung des Wareneingangs erfolgt spiegelverkehrt, jedoch ohne Vorsteuerabzug im alten Jahr, denn den Vorsteuerabzug bedingt das Vorhandensein einer ordnungsgemäßen Rechnung:

5200	Aufwand Wareneingang	an 3070	Rückstellungen für ausstehende Rechnungen

Oder:

5200	Aufwand Wareneingang	an 3300	Verbindlichkeiten Lieferungen und Leistungen
1434	Vorsteuer im Folgejahr abzugsfähig		

Merke:

Aufwendungen und Erträge sind bei bilanzierenden Unternehmen unabhängig von den Zeitpunkten der entsprechenden Zahlungen und unabhängig von Rechnungen zu berücksichtigen. Die Umsatzsteuer entsteht ebenso unabhängig vom Vorhandensein einer Rechnung (§ 13 UStG). Lediglich für den Vorsteuerabzug muss eine ordnungsgemäße Rechnung vorliegen (§ 14 UStG). Hierbei ist nicht das Rechnungsdatum, sondern das Datum des Rechnungseingangs maßgebend (dokumentiert durch E-Mail oder Posteingangsstempel).

Von Forderungen und Verbindlichkeiten sind die sog. Rechnungsabgrenzungsposten zu unterscheiden. Diese können sowohl auf der Aktiv- wie Passivseite der Bilanz auftreten.

Zweck der Bildung von Rechnungsabgrenzungsposten ist die Zuordnung von Aufwendungen und Erträgen in der der sachlich zutreffenden Periode. Rechnungsabgrenzungsposten dienen also der periodengerechten Gewinnermittlung.

Die Rechnungsabgrenzungsposten sind in § 250 Abs. 1 Satz 1 und Abs. 2 HGB und § 5 Abs. 5 EStG gesetzlich geregelt. Bei diesen RAP liegt der

- Zahlungsvorgang der Geschäftsvorfälle vor dem Bilanzstichtag (Ausgaben/Einnahmen),
- während der Aufwand/Ertrag nach dem Bilanzstichtag liegt.

Aktivische Rechnungsabgrenzungsposten (ARAP) beinhalten deshalb

- Ausgaben, die im alten Geschäftsjahr getätigt wurden,
- soweit sie Aufwand erst in nachfolgenden Perioden sind.

Dies gilt bspw., wenn die Miete für einen Zeitraum im Folgejahr bereits im Vorjahr bezahlt wird.

Passivische Rechnungsabgrenzungsposten (PRAP) beinhalten

- Einnahmen, die in der abgelaufenen Periode zugeflossen sind,
- soweit sie Ertrag erst in folgenden Geschäftsjahren sind.

Dies gilt entsprechend, wenn bspw. eine Bankgutschrift im alten Jahr für das neue Jahr erfolgt.

Eine Übersicht gibt Tabelle 8.

Tabelle 8: Arten der zeitlichen Abgrenzung

Arten der zeitlichen Abgrenzung	**Vor dem Stichtag**	**Nach dem Stichtag**
ARAP	Ausgabe	Aufwand
PRAP	Einnahme	Ertrag
Forderungen	Ertrag	Einnahme
Verbindlichkeiten	Aufwand	Ausgabe

Beispiele:

- Ausstehende Rechnung für erbrachte Leistung in 01, Rechnungseingang 05.04.02
  → Verbindlichkeit
- Zahlung Versicherung 02 am 15.12.01
  → ARAP
- Bankgutschrift Miete Januar 02 am 20.12.01
  → PRAP
- Verkauf Anlagevermögen am 01.12.01, Zahlungseingang am 07.01.02
  → Forderung
- USt-Schuld für 01 wird am 10.01.02 vom betrieblichen Konto abgebucht
  → Verbindlichkeit

2. Automatisierte Buchungstechnik

Inzwischen ist das Angebot der Softwareanbieter sehr umfangreich. Je nach Unternehmensgröße sind verschiedene Module (Kassenbuch im Internet, Rechnungswesen mit Kassenbucht, Finanzbuchhaltung, OPOS oder Zahlungsverkehr, Kontoauszugsmanager, Kostenrechnung, zudem Controlling-Reports, Ratingreporte etc.) berücksichtigt.

2.1 Lexware

Lexware verfügt über eine sehr gute Verbindung von

- Warenwirtschaft (Lagerverwaltung und Bestellwesen),
- Fakturierung,
- Finanzbuchhaltung und Kassenführung,
- OPOS Offene Postenverwaltung,
- Finanz Manager.

Die Programme sind aufeinander abgestimmt und tauschen alle relevanten Daten aus.

Für kleine und mittlere Betriebe eine in der Praxis sehr bewährte Software mit Schnittstelle zur DATEV zur Weiterverarbeitung durch den Steuerberater.

2.2 DATEV

2.2.1 Allgemeines

Auch die DATEV (Datenverarbeitungsorganisation des steuerberatenden Berufs) hat eine Programmpalette für selbst buchende Unternehmen, wie zum Beispiel:

- Kassenbuch Internet
- Rechnungswesen mit
  - Kassenbuch
  - Finanzbuchhaltung
  - Offene-Posten-Verwaltung
- PC-Zahlungsverkehr
- Kontoauszugsmanager
- Kostenrechnung

Zudem verfügt die Software über zahlreiche betriebswirtschaftliche Auswertungen wie Controllingreport, Ratingreport, Unternehmensreport sowie diversen grafischen Darstellungen.

2.2.2 Kontoauszugsmanager DATEV

Der „Kontoauszugsmanager" der DATEV bucht nicht alleine, aber er schlägt Buchungssätze vor. Insbesondere aber erspart er das Erfassen der Kontoauszugsdaten.

Voraussetzung ist der Einsatz des Fibu-Programmes „PC-Rechnungswesen" der DATEV. Sie können dieses Programm nur über Ihren Steuerberater erhalten.

SAP verfügt ebenso über eine entsprechende Anwendung.

Die Vorgehensweise dieses Moduls:

1. **Der Kontoauszugsmanager erhält die Daten in mehreren Alternativen.**
   - Die Bank gibt die Daten an das DATEV-Rechenzentrum, Sie übertragen die Daten per DFÜ (Datenfernübertragung) vom Rechenzentrum über Datenaustausch per sicherer Telefonverbindung zwischen Ihrem PC und der DATEV, oder
   - Sie übertragen die elektronischen Kontoauszüge mit dem Programm „DATEV-Zahlungsverkehr" oder
   - einem entsprechenden Bankingprogramm von der Bank per DFÜ.
2. **Nachfolgend erstellt der Kontoauszugsmanager Buchungsvorschläge.**
   Er arbeitet die Kontoauszugsdaten zu einer Buchungsliste um.
   Aus dem „Verwendungszweck" und den „Auftraggeber Daten" der Banküberweisung erkennt der Kontoauszugsmanager das Kontokorrentkonto (Debitor oder Kreditor) und die Rechnungsnummer.
   Daraus kann der Buchungssatz gebildet werden.
   Skonto wird ebenfalls errechnet (in Betrag und Prozent), Sie müssen jedoch die Skontobuchung freigeben.
3. **Aus allen anderen Buchungen die nicht das Kontokorrent betreffen erstellt der Kontoauszugsmanager ebenfalls Buchungsvorschläge.**
   Die Informationen zum Abgleich bezieht er aus den Buchungen aus Vormonaten.
   - Eine Mietzahlung oder Leasingrate des Vormonats wird im laufenden Monat einfach entsprechend vorkontiert;
   - die Versicherungsprämie die schon im Vorjahr bezahlt wurde wird erkannt und vorkontiert;
   - alles Wiederkehrende wird gelernt und das nächste Mal erkannt
   - Sie prüfen und akzeptieren lediglich noch.

2.3 Steuerschlüssel (Umsatzsteuer)

Finanzbuchhaltungsprogramme erleichtern die Buchungen zur Umsatzsteuer bzw. Vorsteuerabzug.

Hierfür sind Steuerschlüssel vorgesehen. Wird ein Steuerschlüssel im Buchungssatz mit angegeben, dann kann der Bruttobetrag (incl. USt) eingegeben werden, das Programm errechnet automatisch den Steuerbetrag und generiert den Buchungssatz entsprechend.

Die Steuerschlüssel im DATEV-System lauten beispielsweise:

1	Umsatzsteuerfrei
2	Umsatzsteuer 7 %
3	Umsatzsteuer 19 %
4	Umsatzsteuer 5 %
5	Umsatzsteuer 16 %
6	Vorsteuer 5 %
7	Vorsteuer 16 %
8	Vorsteuer 7 %
9	Vorsteuer 19 %

Diese Steuerschlüssel werden an der 6. Stelle (von rechts!) angegeben, deshalb ist bei DATEV in der Regel die fünfte Stelle mit einer Füllnull zu belegen.

In anderen Finanzbuchhaltungsprogrammen sind ähnliche Befehle vorgesehen.

Beispiel: im Kreditorenbereich

Rechnung für eine Zeitungswerbeanzeige mit 19 % USt, brutto 119,00 Euro

Im Buchungssatz wird der Bruttobetrag 119,00 Euro angegeben sowie die zu bebuchenden Konten:

Soll:	Konto 6600	Werbekosten
Haben:	Kreditorenkonto 70003	Allgemeine Zeitung

Im Buchungssatz wird der Steuerschlüssel 9 dem Kostenkonto an 6. Stelle kombiniert. Da das Kostenkonto 4-stellig ist, muss die fünfte Stelle mit einer Füllnull belegt werden.

Buchungseingabe:

906600	Werbekosten		an 70003	Kreditorenkonto Allgemeine Zeitung	119,00 Euro

Das Finanzbuchhaltungsprogramm bucht nun netto:

6600	Werbekosten	100,00 Euro	an 70003	Kreditorenkonto Allgemeine Zeitung	119,00 Euro
1406	abziehbare Vorsteuer	19,00 Euro			

2.4 Automatikkonten (Umsatzsteuer)

Automatikkonten ermöglichen eine noch komfortablere Verbuchung, denn bei Automatikkonten ist die Angabe eines Steuerschlüssels nicht erforderlich, weil der entsprechende Umsatzsteuer- bzw. Vorsteuerbetrag automatisch errechnet und verbucht wird.

Häufig benutze Automatikkonten sind:

4300	Umsatzerlöse 7 % USt
4400	Umsatzerlöse 19 % USt
4731	gewährte Skonti 7 % USt
4736	gewährte Skonti 19 % USt
5300	Wareneingang 7 % Vorsteuer
5400	Wareneingang 19 % Vorsteuer
5731	erhaltene Skonti 7 % USt
5736	erhaltene Skonti 19 % USt

Beispiel: im Debitorenbereich

Rechnung für eine Kundenlieferung mit 19 % USt, brutto 119,00 Euro

Im Buchungssatz wird der Bruttobetrag 119,00 Euro angegeben sowie die zu bebuchenden Konten:

Soll:	10002	Debitorenkonto ABC-GmbH
Haben:	4400	Umsatzerlöse 19 %

Im Buchungssatz wird kein Steuerschlüssel angegeben, weil das Konto 4400 ein automatisches Konto ist.

Buchungseingabe:

10002	Debitor ABC-GmbH		an 4400	Umsatzerlöse 19 %	119,00 Euro

Das Finanzbuchhaltungsprogramm bucht nun netto:

10002	Debitor ABC-GmbH	119,00 Euro	an 4400	Umsatzerlöse 19 %	100,00 Euro
			an 3806	Umsatzsteuer 19 %	19,00 Euro

2.5 Fehlerquelle bei der Umsatzsteuervoranmeldung

Die Umsatzsteuervoranmeldung wird hinsichtlich der Umsätze und der abzuführenden Umsatzsteuer aus den Finanzbuchhaltungsprogrammen ausschließlich von den Nettobeträgen auf den Ertragskonten gespeist.

Deshalb sind manuelle Buchungen auf das Konto „Umsatzsteuer" nicht empfehlenswert, denn diese Buchungen fließen nicht in die Umsatzsteuervoranmeldung ein. Diese kann dadurch fehlerhaft werden.

> *Tipp:*
>
> Nutzen Sie deshalb vollumfänglich und ausschließlich die Buchungsmöglichkeit über Steuerschlüssel bzw. Automatikkonten.

2.6 E-Bilanz

Durch das Steuerbürokratieabbaugesetz vom 20.12.2008 wurde die E-Bilanz i.S.d. § 5b EStG als Verpflichtung kodifiziert. Demnach haben bilanzierende Unternehmen den Inhalt der Bilanz sowie der Gewinn- und Verlustrechnung

(GuV) nach amtlich vorgeschriebenen Datensatz durch Datenfernübertragung (sog. E-Bilanz) an die Finanzverwaltung zu übermitteln.

Sofern die Verpflichtung zur elektronischen Übermittlung besteht, ist der Steuerpflichtige von der Verpflichtung zur Einreichung einer Bilanz und GuV in Papierform befreit.

Durch die *Taxonomie* werden die verschiedenartigen Positionen definiert, aus denen zum Beispiel eine Bilanz oder eine GuV-Rechnung bestehen kann (also etwa die Firma des Kaufmanns oder die einzelnen Positionen von Bilanz und GuV-Rechnung) und entsprechend ihrer Beziehungen zueinander geordnet (BMF vom 28.09.2011, dort Tz. 9).

Die praktischen Schwierigkeiten liegen in der Regel in der fachlichen Zuordnung von Buchungsvorgängen (Kontenzuordnung und Buchungsschemata) und in der Zusammenführung, Verprobungen und Übersendung der einzelnen Datenbestände (Taxonomie-Bestandteile).

Die E-Bilanz muss nach der jeweiligen neuen Taxonomie erstellt werden.

> *Tipp:*
>
> Die neuen Taxonomien (Kern- und Branchentaxonomien) werden von der Finanzverwaltung unter *www.esteuer.de* zur Ansicht und zum Abruf bereitgestellt.

„Saubere und klare" Buchungen auf den Konten, die E-Bilanz-konform sind, sind unerlässlich. Da die Taxonomie (= Kontenrahmen der Finanzverwaltung) jährlich von der Finanzverwaltung überarbeitet wird, ist eine jährliche Anpassung des eigenen Kontenrahmens sinnvoll.

2.7 Aufbewahrung/Archivierung

Die handelsrechtlichen Aufbewahrungspflichten ergeben sich aus § 257 HGB. Die steuerliche Aufbewahrungspflicht wird durch § 147 AO (Abgabenordnung) (generell) sowie § 14b UStG hinsichtlich aller Rechnungen geregelt.

Folgende Unterlagen sind geordnet (gemäß **§ 147 AO**) aufzubewahren:

1. Bücher und Aufzeichnungen, Inventare, Jahresabschlüsse, Lageberichte, Eröffnungsbilanz, sowie die zu ihrem Verständnis erforderlichen Arbeitsanweisungen und sonstigen Organisationsunterlagen,
2. Empfangene Handels- oder Geschäftsbriefe,
3. Wiedergaben der abgesandten Handels- oder Geschäftsbriefe,
4. Buchungsbelege,
5. Unterlagen aus Zollanmeldungen,
6. Sonstige Unterlagen, soweit sie für die Besteuerung von Bedeutung sind.

Folgende Unterlagen sind u. a. geordnet gemäß **§ 14b UStG** aufzubewahren:

- ausgestellte Rechnungen (Debitoren)
- erhaltene Rechnungen (Kreditoren)

Die Aufbewahrungsfrist von zehn Jahren betrifft insbesondere folgende Unterlagen:

- Bücher und Aufzeichnungen
- Inventare
- Eröffnungsbilanzen
- Jahresabschlüsse
- Lageberichte
- Arbeitsanweisungen und sonstige Organisationsunterlagen
- Buchungsbelege wie Rechnungen, Lieferscheine, Quittungen, Bankauszüge etc.

Über einen Zeitraum von **sechs Jahren** sind die folgenden Unterlagen aufzubewahren:

- Empfangene Handelsbriefe
- Wiedergaben der abgesandten Handelsbriefe
- Sonstige Unterlagen, soweit sie für die Besteuerung von Bedeutung sind.

Die Frist beginnt mit dem Schluss des Kalenderjahres, in dem die letzte Eintragung in das Buch gemacht, das Inventar aufgestellt, der Handelsbrief empfangen, der Buchungsbeleg entstanden und die sonstigen Unterlagen zustande gekommen sind (§ 147 Abs. 4 AO).

Steuerrechtlich ist für das Fristende die Ablaufhemmung nach § 147 Abs. 3 S. 2 AO zu beachten. Die Aufbewahrungsfristen von zehn oder sechs Jahren laufen nicht ab, soweit und solange die Unterlagen für Steuern von Bedeutung sind, für welche die allgemeine Festsetzungsfrist des § 169 Abs. 2 S. 1 AO noch nicht abgelaufen ist.

Nach § 147 Abs. 2 AO können alle aufzubewahrenden Unterlagen als Wiedergabe auf einem Bildträger wie Mikrofilm oder auf anderen Datenträgern wie Disketten, Magnetbändern, Magnetplatte, elektrooptische Speicherplatte) aufbewahrt werden. Voraussetzung hierfür ist, dass dies den Grundsätzen ordnungsmäßiger Buchführung entspricht und sichergestellt ist, dass die Wiedergabe und die Daten mit den aufzubewahrenden Unterlagen übereinstimmen, wenn sie lesbar gemacht werden, § 147 Abs. 2 Nr. 1 AO.

Wer gegen die Buchführungspflicht verstößt, führt entweder keine Bücher trotz Verpflichtung oder führt die Bücher mangelhaft. Die Nichterfüllung der Pflichten führt zur Bestrafung, insbesondere, wenn Zahlungen einstellt werden oder wenn über das Vermögen das Insolvenzverfahren eröffnet wurde.

Ziele der steuerlichen Aufzeichnungen ist es, die Geschäftsvorfälle so aufzuzeichnen, dass die Betriebseinnahmen und -ausgaben auf Verlangen dem

Finanzamt erläutert und glaubhaft aufgeführt werden können. So kann die Finanzbehörde die Richtigkeit und Vollständigkeit entsprechend nachprüfen (§ 90 Abs. 1 AO). Das Finanzamt kann auf die Vorlage von Belegen, die Art und der Entstehungszeitpunkt der Aufwendungen und auf den Nachweis des Bezugs zum Betrieb bestehen (§ 146 AO).

Ohne Nachweis der betrieblichen Veranlassung, wird das Finanzamt regelmäßig keine Betriebsausgaben berücksichtigen. Ist hingegen nur die Höhe nicht nachweisbar, muss das Finanzamt die wahrscheinlich aufgelaufenen Kosten schätzen, § 162 AO.

Die Erfüllung der steuerrechtlichen Aufzeichnungspflichten kann nach § 328 Abs. 1 AO erzwungen werden. Die Nichterfüllung der Pflichten führt zur Bestrafung, wenn die Zahlungen eingestellt worden sind oder das Vermögen das Insolvenzverfahren eröffnet wurde (Fälle des einfachen und betrügerischen Bankrotts, § 283 und 283b StGB).

Kommt ein Steuerpflichtiger seinen Pflichten nicht nach, kann die Finanzbehörde die Erfüllung der Pflicht durch Auferlegung von Zwangsgeldern erzwingen (§ 328 AO). Das Zwangsgeld kann bis zu 25.000 Euro betragen (§ 329 AO). Formelle Mängel, die nur so gering sind, dass das sachliche Ergebnis nicht beeinflusst wird, bleiben unberührt. Schwere und gewichtige formelle Mängel hingegen können zur Verwerfung führen. Materielle Mängel, die unwesentlich sind, sind zu berichtigen durch Zuschätzung. Bei wesentlichen materiellen Mängeln wird eine Vollschätzung nach § 162 AO vorgenommen.

Sind Geschäftsvorfälle leichtfertig oder vorsätzlich nicht oder falsch berücksichtigt und wird eine Verkürzung der Steuereinnahmen ermöglicht, liegt eine Steuergefährdung vor. Diese kann mit einer Geldbuße bis zu 5.000 Euro nach § 379 AO geahndet werden. Liegt hingegen eine Steuerverkürzung vor, kann die Geldbuße bis zu 50.000 Euro betragen (§ 378 AO). Bei Steuerhinterziehung, können Geldstrafen oder Freiheitsstrafen bis zu fünf Jahren, in schweren Fällen auch bis zu 10 Jahren verhängt werden.

Ebenso wird eine Freiheitsstrafe von sechs Monaten bis zu zehn Jahren verhängt, wenn gewerbsmäßig Einfuhr- oder Ausfuhrabgaben hinterzogen werden oder gewerbsmäßig durch Zuwiderhandlungen gegen Monopolvorschriften Bannbruch begangen wird. In minder schweren Fällen reduziert sich die Freiheitsstrafe auf bis zu fünf Jahren oder auf Geldstrafen, § 373 AO.

Die Übersicht verdeutlicht die wesentlichen Folgen (Tabelle 9).

Tabelle 9: Folgen von Verstößen gegen steuerliche Vorschriften

Verstöße gegen steuerrechtliche Vorschriften	**Mögliche Folgen**
Keine Aufzeichnungen	Zwangsgeld bis 25.000,00 Euro Vollschätzung bei Steuergefährdung Geldbuße bis 5.000,00 Euro bei Steuerverkürzung Geldbuße bis 50.000,00 Euro bei Steuerhinterziehung Geld- oder Freiheitsstrafe
Geringfügige formelle oder unwesentliche sachliche Mängel	Berichtigung durch Zuschätzung
Schwere und gewichtige formelle oder sachliche Mängel	Verwerfung der Aufzeichnungen Vollschätzung bei Steuergefährdung Geldbuße bis 5.000,00 Euro bei Steuerverkürzung Geldbuße bis 50.000,00 Euro bei Steuerhinterziehung Geld- oder Freiheitsstrafe

Mit rückwirkender Änderung zum 01.01.2017 durch das **Bürokratieentlastungsgesetz II (BEG II)** ist die Aufbewahrungsfrist von empfangenen Lieferscheinen, die keine Buchungsbelege darstellen, entfallen. Gleiches gilt für abgesendete Lieferscheine. Diese müssen nur so lange aufbewahrt werden, bis die Rechnung versendet worden ist. Nur in Ausnahmefällen besteht eine Aufbewahrungspflicht, wenn im Einzelfall der Lieferschein als Buchungsbeleg, als Exportnachweise oder als Rechnungsbestandteil herangezogen wird. Hier greift die Aufbewahrungsfrist von zehn Jahren.

Mit dem **Bürokratieabbaugesetz III**, welches überwiegend seit dem 01.01.2020 in Kraft getreten ist, hat die Finanzverwaltung nunmehr das Recht, von einem Steuerpflichtigen bei einer Außenprüfung die Einsicht in die mit Hilfe eines Datenverarbeitungssystems erstellten Steuerdaten sowie die Nutzung dieses Datenverarbeitungssystems zu verlangen. Die Finanzverwaltung kann zudem die maschinelle Auswertung dieser Daten fordern oder einen Datenträger mit den gespeicherten Steuerunterlagen verlangen. Die Datenverarbeitungssysteme müssen bisher sogar bei einem Wechsel des Datenverarbeitungssystems oder einer Datenauslagerung über die 10-jährige Aufbewahrungsfrist aufrechterhalten werden.

Ab dem **01.01.2020** reicht es aus, wenn der Steuerpflichtige **fünf Jahre** nach einem Systemwechsel oder einer Datenauslagerung einen Datenträger mit den gespeicherten Steuerunterlagen vorhält. Dies wird in einem neuen § 147 Abs. 6 AO geregelt.

2.8 Vorgaben der Finanzverwaltung zur digitalen Archivierung (GoBD)

2.8.1 Allgemeines

Das Bundesministerium hat mit den beiden **BMF-Schreiben vom 14.11.2014, und vom 28.11.2019** (IV A 4 – S 0316/19/10003:001) ergänzende Regelungen zu den Grundsätzen zur ordnungsmäßigen Führung und Aufbewahrung von Büchern, Aufzeichnungen und Unterlagen in elektronischer Form sowie zum Datenzugriff (GoBD) getroffen. Das BMF ist dabei auch auf die Nutzbarkeit moderner Speichermedien ausführlich eingegangen und regelt den elektronischen Datenzugriff der Finanzverwaltung im Rahmen von Außenprüfungen. Durch GoBD wurden die Grundsätze ordnungsmäßiger DV-gestützter Buchführungssysteme (GoBS) und die Grundsätze zum Datenzugriff und zur Prüfbarkeit digitaler Unterlagen (GDPdU) zum 01.01.2015 abgelöst.

Die Buchführung muss so beschaffen sein, dass sie einem sachverständigen Dritten innerhalb angemessener Zeit einen Überblick über die Geschäftsvorfälle und über die Vermögenslage des Unternehmens vermitteln kann (§ 238 HGB, § 145 AO).

Ob diese Anforderungen erfüllt sind, ist bei konventioneller Buchführung (anhand der Aufzeichnungen) ohne weiteres nachprüfbar, bei computergestützten Verfahren dagegen nicht. GoBD stellt u. a. eine Präzisierung der allgemeinen Grundsätze ordnungsmäßiger Buchführung im Hinblick auf die EDV-Buchführung dar und beschreibt Maßnahmen, die der Buchführungspflichtige ergreifen muss, will er sicherstellen, dass die Buchungen und sonst erforderlichen Aufzeichnungen vollständig, richtig, zeitgerecht und geordnet (§ 239 Abs. 2 HGB) vorgenommen werden (Beleg- und Journalfunktion). Die Richtigkeit einer Buchführung muss nachprüfbar sein. Aus dieser Forderung lassen sich für EDV-Verfahren besondere Ordnungsmäßigkeitskriterien ableiten.

Weitere Kriterien sind:

- Die Geschäftsvorfälle sind so zu verarbeiten, dass sie geordnet darstellbar sind und ein Überblick über die Vermögens- und Ertragslage gewährleistet ist.
- Die Buchungen müssen einzeln und geordnet nach Konten und dies fortgeschrieben nach Kontensummen oder Salden sowie nach Abschlussposten dargestellt und jederzeit lesbar gemacht werden können.
- Die Nachvollziehbarkeit des einzelnen Geschäftsvorfalles von seinem Ursprung bis zur endgültigen Darstellung (also vom Beleg über das Journal bis zum Konto).
- Das Verfahren der DV-Buchführung muss durch eine Verfahrensdokumentation, die sowohl die aktuellen als auch die historischen Verfahrensinhalte nachweist, verständlich und nachvollziehbar gemacht werden.
- Das in der Dokumentation beschriebene Verfahren muss dem in der Praxis eingesetzten Programm (Version) voll entsprechen (Programmidentität).
- Das interne Kontrollsystem (IKS) muss angemessen und wirksam sein. Die Datensicherheit muss so gewährleistet werden können.

> *Tipp:*
>
> Auf der Homepage der Bundessteuerberaterkammer (*www.bstbk.de*) wird eine Musterverfahrensdokumentation zur Verfügung gestellt, die vorgefasste Lückentexte beinhaltet.

Die Finanzverwaltung erlaubt „das papierlose“ Unternehmen, jedoch sind noch folgende wichtige Hinweise zu beachten.

2.8.2 Aufbewahrung elektronisch erzeugter Unterlagen

Für die Aufbewahrung elektronisch erzeugter Unterlagen (zum Beispiel elektronisch erstellte Rechnungen wie z. B. Word-, Excel-Rechnung) gilt:

„Sind aufzeichnungs- und aufbewahrungspflichtige Daten, Datensätze, elektronische Dokumente und elektronische Unterlagen im Unternehmen entstanden oder dort eingegangen, sind sie auch in dieser Form aufzubewahren“ (Rz. 119) und dürfen vor Ablauf der Aufbewahrungsfrist nicht gelöscht werden. Sie dürfen daher nicht mehr ausschließlich in ausgedruckter Form aufbewahrt werden und müssen für die Dauer der Aufbewahrungsfrist unveränderbar erhalten bleiben (zum Beispiel per E-Mail versandte Rechnung im PDF-Format). Dies gilt unabhängig davon, ob die Aufbewahrung im Produktivsystem oder durch Auslagerung in ein anderes DV-System erfolgt.

Nur in Ausnahmefällen und unter Zumutbarkeitsgesichtspunkten ist es nicht zu beanstanden, wenn der Steuerpflichtige elektronisch erstellte und in Papierform abgesandte Handels- und Geschäftsbriefe nur in Papierform aufbewahrt. Die ist zum Beispiel der Fall, wenn der Steuerpflichtige seine Ausgangsrechnungen mit einem Textverarbeitungsprogramm erstellt und nach dem Ausdruck der jeweiligen Rechnung hierfür verwendete Maske (Dokumentenvorlage) mit den Inhalten der nächsten Rechnung überschreibt. Hiermit ist die beispielsweise die „Rechnung mit Schreibmaschine“ zu verstehen.

Werden die abgesandten Handels- und Geschäftsbriefe jedoch in elektronischer Form aufbewahrt, zum Beispiel im File-System oder einem DMS-System, ist eine Aufbewahrung ausschließlich in Papierform nicht zulässig.

2.8.3 Aufbewahrung elektronisch eingegangener Unterlagen

Eingehende elektronische Handels- oder Geschäftsbriefe und Buchungsbelege müssen in dem Format aufbewahrt werden, in dem sie empfangen wurden (zum Beispiel Rechnungen oder Kontoauszüge im PDF- oder Bildformat). Eine **Umwandlung** in ein anderes Format (zum Beispiel in PDF) ist dann zulässig, wenn die maschinelle Auswertbarkeit nicht eingeschränkt wird und keine inhaltlichen Veränderungen vorgenommen werden.

Erfolgt eine Anreicherung der Bildinformationen, bspw. durch OCR (Beispiel: Erzeugung einer volltextrecherchierbaren PDF-Datei im Erfassungsprozess), sind die dadurch gewonnenen Informationen nach Verifikation und Korrektur ebenfalls aufzubewahren.

Bei der Konvertierung in Inhouse-Formate ist zu beachten, dass beide Versionen zu archivieren sind, diese derselben Aufzeichnung zuzuordnen sind und diese mit demselben Index zu verwalten sind sowie die konvertierte Version als solche zu kennzeichnen ist.

Beachten Sie: Sobald handschriftliche Anmerkungen und Ergänzungen vorgenommen werden, bedarf es grundsätzlich einer entsprechend neuen Digitalisierung und Zuordnung.

Merke:

Grundsätzlich sind elektronische Rechnungen in dem Format zu archivieren, in dem sie empfangen wurden. In der Regel wird es sich um eine **PDF-Datei** handeln, die separat und manipulationssicher abgespeichert wird. Kommt die Rechnung integriert in einer Mail an, ist es ratsam, auch diese zu speichern. Zehn Jahre will das Finanzamt darauf Zugriff haben. Die Dateien dürfen nicht geändert und müssen jederzeit lesbar gemacht werden können.

Tipp:

E-Mails, die nur als Transportmittel (wie ein Briefumschlag) dienen, sind nicht aufbewahrungspflichtig. Dennoch ist es empfehlenswert, diese ebenso zu archivieren.

Unternehmen erhalten ihre Rechnungen oft von Lieferanten als EDI- und weitaus seltener als **XML-Datei**. Über die Aufbewahrungsfrist von zehn Jahren hinweg müssen die Inhalte maschinell auswertbar bleiben. EDI-Dateien etwa dürfen nicht in ein Bild- oder PDF-Format umgewandelt werden und dann womöglich gelöscht werden. Das Finanzamt wird ein solches Vorgehen beanstanden.

ZUGFeRD-Standard (Format für elektronische PDF-Rechnung) wird explizit unter Ordnungsmäßigkeitsgesichtspunkten akzeptiert (Rz. 125).

Hinweis:

Bisher nutzen die meisten Firmen, die digital Rechnungen verschicken wollen, noch einfache PDF-Dateien, die sie zum Beispiel an eine E-Mail hängen. Der Nachteil dieses Verfahrens ist, die Dokumente können beim Empfänger nicht elektronisch verarbeitet werden. Doch das könnte sich ändern.

Derzeit etabliert sich das nationale Dateiformat ZUGFeRD. Das Kürzel steht für „Zentraler User Guide des Forums elektronischer Rechnungen Deutschland (ZUGFeRD)". Beteiligt an der Entwicklung waren Verbände, Bundesministerium und Unternehmen. Via ZUGFeRD kann die E-Rechnung als PDF-Datei mit integrierter XML-Datei übermittelt und empfangen werden.

Dieses Format ermöglicht eine automatische Weiterverarbeitung beim Empfänger. Den Standard können kleine und mittlere Unternehme jetzt schon verwenden, um sich einen Wettbewerbsvorteil zu verschaffen. Wenn zwei Firmen den elektronischen Rechnungsaustausch nutzen, lassen sich die Dateien automatisch in die EDV integrieren, prüfen und nach dem Gegencheck der Bestellvorgaben zur Überweisung freigeben.

2.8.4 Elektronische Aufbewahrung von Papierdokumenten

Papierdokumente dürfen nur unter gewissen Bedingungen elektronisch aufbewahrt werden. Die Umwandlung in elektronische Dokumente hat durch Scanvorgang zu erfolgen. In den Rz. 136–141 des ersten BMF ist das dokumentenersetzende Scannen (elektronische Erfassung von Papierdokumenten) detailliert beschrieben.

> *Merke:*
>
> Wer darauf verzichten will, Eingangsrechnungen, die auf dem Postwege zugehen, in Ordner abzulegen, scannt das Papier manipulationssicher ein und dokumentiert, wie er bei der Bearbeitung vorgegangen ist und welche Mitarbeiter daran beteiligt waren. Erst dann darf das Papier entsorgt werden. Dieses Verfahren bedarf also einer Dokumentation, ansonsten müssen die Papierbelege weiterhin (doppelt) archiviert werden.

Der Steuerpflichtige sollte daher eine Organisationsanweisung erstellen, die unter anderem regelt,

- wer scannen darf,
- zu welchem Zeitpunkt gescannt wird (zum Beispiel beim Posteingang, während oder nach Abschluss der Vorgangsbearbeitung),
- welches Schriftgut gescannt wird,
- ob eine bildliche oder inhaltliche Übereinstimmung mit dem Original erforderlich ist,
- wie die Qualitätskontrolle auf Lesbarkeit und Vollständigkeit und
- wie die Protokollierung von Fehlern zu erfolgen hat.

> *Tipp:*
>
> Der Dokumentationsprozess beginnt bereits in der Poststelle. Wenn Farbe Beweisfunktion hat, ist eine vollständige Farbwiedergabe zu gewährleisten, zum Beispiel Minusbeträge in roter Schrift. Die Kontierung auf dem Beleg kann unter bestimmten Umständen wegfallen.

3. Umsatzsteuerliche Regelungen

3.1 System der Umsatzsteuer

3.1.1 Bedeutung der Umsatzsteuer

Umsatzsteuerkenntnisse sind unerlässlich, wenn Sie eine gute Kreditorenbuchhaltung gewährleisten möchten.

Die USt ist eine *„Netto-Allphasen-Steuer mit Vorsteuerabzug"*. Der Leistungserbringer berechnet zum Entgelt die Umsatzsteuer und führt diese an den Fiskus ab.

Der Endpreis in der Leistungskette ist mit der endgültigen USt belegt. USt aus der jeweiligen „Vor"-Stufe wird als „Vor"-Steuer erstattet.

Beispiel:

	Nettoentgelt	**Umsatzsteuer**	**Vorsteuer**	**Zahllast**
Produzent	1000	190	0	190
Großhändler	2000	380	190	190
Einzelhändler	5000	950	380	570
Gesamt		**1520**	**570**	**950**

Umsatzsteuer bedeutet, dass der Unternehmer die Umsatzsteuer dem Finanzamt schuldet, daher erfolgt der Ausweis in der Bilanz auch unter „Sonstige Verbindlichkeiten".

Vorsteuer bedeutet, der Unternehmer erhält vom Finanzamt eine Erstattung der bereits bezahlten Umsatzsteuer. Der Ausweis in der Bilanz erfolgt unter „Sonstige Forderungen".

In Deutschland gibt im Rahmen der Umsatzsteuer zwei Verfahren, einmal der sog. Grundfall und einmal die Umkehrung der Steuerschuldnerschaft (Reverse Charge). Das folgende Bild (Abbildung 2) zeigt den Grundfall auf.

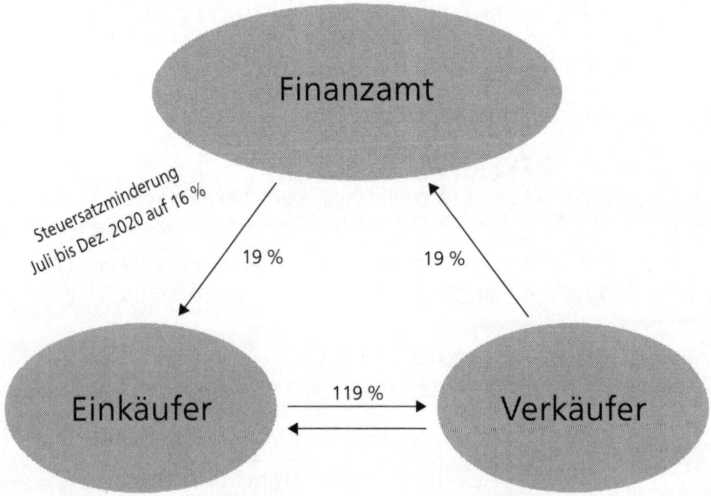

Abbildung 2: Umsatzsteuerverfahren – Grundfall
(Quelle: Eigene Darstellung)

Zudem gilt das sog. *Reverse-Charge-Verfahren*, welches immer mehr Bedeutung in der Praxis erlangt (§ 13b UStG). Beim Reverse-Charge-Verfahren führt nicht der leistende Unternehmer die Steuer an den Fiskus ab, sondern Leistungsempfänger. Demnach bezahlt der Leistungsempfänger nur den Nettobetrag an den leistenden Unternehmer (Abbildung 3).

Das Reverse-Charge-Verfahren wurde früher vor allem bei Einkäufen aus dem Ausland durchgeführt. Dadurch soll Steuerbetrug im Zusammenhang mit dem Vorsteuerabzug vermieden werden und eine Registrierungs-Vereinfachung für den ausländischen Unternehmer erreicht werden.

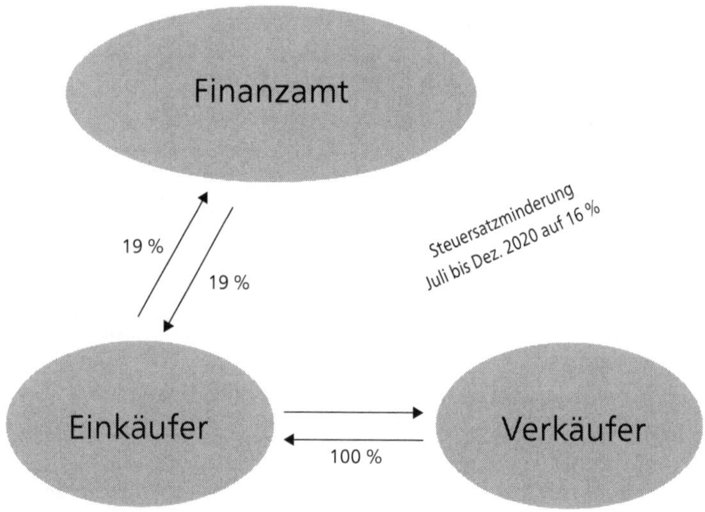

Abbildung 3: Umsatzsteuer im Reverse-Charge-Verfahren
(Quelle: Eigene Darstellung)

3.1.2 Umsatzsteuer und Vorsteuer als 2 Säulen des Systems

Das Umsatzsteuersystem besteht aus zwei Säulen. Die erste Säule ist die **Umsatzsteuer**. Die Umsatzsteuer ist die ertragsstärkste Steuer, da sie neben der Einkommensteuer die wichtigste Einnahmequelle von Bund und Ländern ist und am meisten zum Steueraufkommen beiträgt (= Gemeinschaftssteuer).

Die Umsatzsteuer fällt unter das Selbstveranlagungsprinzip. Das bedeutet, dass der Unternehmer nach Ablauf eines Kalenderjahres die endgültige Zahllast selbst errechnen muss und dem Finanzamt zu übermitteln hat (=Veranlagungssteuer).

Bestimmte Vorgänge des Wirtschaftsverkehrs werden mit Umsatzsteuer belastet, wenn die gesetzlichen Voraussetzungen erfüllt sind (=Verkehrssteuer).

Die zweite Säule des Umsatzsteuersystems ist die **Vorsteuer**. Unternehmer sind grundsätzlich berechtigt, die ihnen von anderen Unternehmern in Rechnung gestellten Umsatzsteuerbeträge als Vorsteuer von ihrer Umsatzsteuer-Traglast abzuziehen.

Abziehbare Vorsteuerbeträge sind:

- die dem Leistungsempfänger von einem Unternehmer in einer Rechnung berechnete und von diesem gesetzlich geschuldete Umsatzsteuer (§ 15 Abs. 1 Nr. 1 UStG)
- die entrichtete Einfuhrumsatzsteuer (§ 15 Abs. 1 Nr. 2 UStG)

- die Steuer für den innergemeinschaftlichen Erwerb (§ 15 Abs. 1 Nr. 3 UStG)
- die Steuer aus dem Reverse Change-Verfahren (§13b UStG)

Um diese Beträge als Vorsteuer abziehen zu können, müssen jedoch die gesetzlichen Voraussetzungen erfüllt sein.

3.1.3 Rechtsgrundlagen

Die Rechtsgrundlagen für die Umsatzsteuer sind im Wesentlichen:

- das Umsatzsteuergesetz
- die Umsatzsteuer-Durchführungsverordnung
- die Umsatzsteueranwendungserlasse

3.1.4 Umsatzarten

Folgende Umsätze werden mit der Umsatzsteuer belastet:

1. Lieferungen nach § 1 Abs. 1 Nr. 1 UStG i. V. m. § 3 Abs. 1 UStG (zum Beispiel die Veräußerung von Waren und sonstigen Gegenständen) und Sonstige Leistungen nach § 1 Abs. 1 Nr. 1 UStG i. V. m. § 3 Abs. 9 UStG (zum Beispiel Dienstleistungen, Werk-/Vermietungsleistungen),
   - die ein Unternehmer im Inland gegen Entgelt im Rahmen seines Unternehmens ausführt oder
   - Lieferungen ohne Entgelt nach § 1 Abs. 1 Nr. 1 UStG i. V. m. § 3 Abs. 1b UStG (zum Beispiel Entnahme eines Gegenstandes aus dem Unternehmen) oder
   - Sonstige Leistungen ohne Entgelt nach § 1 Abs. 1 Nr. 1 UStG i. V. m. § 3 Abs. 9a UStG (zum Beispiel Private Nutzung des betrieblichen PKW), die ein Unternehmer im Inland ohne Entgelt für Zwecke außerhalb des Unternehmens verwendet.
2. Ausfuhr von Gegenständen ins „Drittlandsgebiet" (Gebiet außerhalb der EU) gegen Entgelt.
3. Innergemeinschaftliche Lieferung in ein EU-Mitgliedsstaat gegen Entgelt.
4. Sonderfall i. S. d. 13b UStG.

Damit ein Umsatz besteuert werden kann, muss dieser im Inland liegen, d. h. steuerbar sein. Für die Beurteilung der Ortsbestimmung müssen die Gesetzesgrundlagen berücksichtigt werden. Einige gängige Ortsbestimmungen sind:

- § 3 UStG: Ort der Lieferung gegen Entgelt
- § 3a UStG: Ort der sonstigen Leistung
- § 3d UStG: Ort des innergemeinschaftlichen Erwerbs
- § 3f UStG: Ort der unentgeltlichen Lieferungen und sonstigen Leistungen

Bei der Besteuerung eines Umsatzes wird unterschieden zwischen:

- steuerbar und steuerpflichtig (zum Beispiel Verkauf von Lebensmitteln)
- steuerbar und steuerfrei (zum Beispiel Vorsorgeuntersuchung beim Arzt)
- nicht steuerbar (zum Beispiel Innenumsätze oder Hotelrechnung Ausland, Benzinrechnung Ausland)

Die steuerfreien Umsätze sind im § 4 UStG geregelt. Sämtliche Umsätze, die nicht steuerfrei sind, sind steuerpflichtig und unterliegen der Besteuerung. Die Bemessungsgrundlage ist das Entgelt. Der allgemeine Steuersatz nach § 12 Abs. 1 UStG beträgt 19 % (= Regelsteuersatz). Für bestimmte Waren und Dienstleistungen (zum Beispiel Bücher, bestimmte Lebensmittel, Busfahrten etc.) wird der ermäßigte Steuersatz i. H. v. 7 % nach § 12 Abs. 2 UStG angewandt.

3.1.5 Prüfschemata

Um eine Rechnung umsatzsteuerlich beurteilen zu können, ist das folgende Prüfschema zu beachten:

- Unternehmer i. S. d. UStG
- Lieferung oder sonstige Leistung
- Ort der Lieferung oder sonstigen Leistung (steuerbar im Inland)
- steuerpflichtig oder steuerfrei
- Steuersatz
- Entgelt
- Steuerbetrag
- Entstehung der Steuer
- Steuerschuldner

Das folgende Beispiel dient dem besseren Verständnis.

Beispiel:

Unternehmer U verkauft Kaffeemaschinen über ein Internetportal zur Selbstabholung.

- Er ist Unternehmer, denn er ist selbständig tätig, trägt Unternehmerrisiko, beteiligt sich am allgemeinen wirtschaftlichen Verkehr, er ist nachhaltig tätig und hat Einnahmenerzielungsabsicht.
- Mit dem Verkauf der Maschinen führt der Lieferungen (Verschaffung der Verfügungsmacht an einem Gegenstand) aus.
- Der Besteuerungsort ist in Deutschland (Ort der Verschaffung der Verfügungsmacht). Damit ist die Lieferung steuerbar. Es liegt keine Steuerbefreiung i. S. d. § 4 UStG vor, so dass die Lieferung auch steuerpflichtig ist.
- Das Entgelt ist immer netto, zum Beispiel 100 Euro.
- Der Steuersatz beträgt 19 %.
- Der Steuerbetrag beläuft sich sodann auf 19 Euro.
- Die Umsatzsteuer entsteht in dem Voranmeldezeitraum der Lieferung.
- Steuerschuldner ist der Unternehmer U.

Diese Kenntnisse sind wichtig, um eine entsprechende Rechnungsprüfung vornehmen zu können und um den richtigen Steuerschlüssel beim Buchungssatz anzuwenden, woraufhin die Umsatzsteuer bzw. Vorsteuer automatisch errechnet und gebucht wird.

Auch wenn in einer Rechnung ein zu hoher Umsatzsteuerbetrag ausgewiesen ist oder ein zu hoher Umsatzsteuersatz (zum Beispiel 19 % statt 7 %) zur Anwendung kam, darf nur die tatsächlich richtige Steuer als Vorsteuer geltend gemacht werden. Blindes Vertrauen in die Richtigkeit der Rechnungsangaben ist daher nicht empfehlenswert.

3.2 Entstehung der Umsatzsteuer bzw. Vorsteuer

3.2.1 Zeitpunkt der Entstehung der Umsatzsteuer

Der Unternehmer schuldet die Umsatzsteuer nach § 13 UStG

- mit Ablauf des Voranmeldezeitraums,
- in dem die Lieferung oder Leistung erbracht worden ist.
- Ausnahme: Anzahlungen; hier entsteht die Umsatzsteuer bereits bei Zahlung.

Merke:

Die Umsatzsteuer entsteht auch ohne das Vorhandensein einer ordnungsgemäßen Rechnung.

Beispiel:

U verkauft die Waren im Dezember 01 und stellt die Rechnung im Februar 02.

Die Umsatzsteuer entsteht bereits im Dezember im Zeitpunkt der Lieferung. Die Rechnung ist nicht Voraussetzung für die Entstehung der Umsatzsteuer.

Hieraus resultieren in der Praxis oft Prozessuale Probleme. Daher ist es ratsam, die Rechnung immer zeitnah zu stellen.

3.2.2 Zeitpunkt der Entstehung der Vorsteuer

Die Vorsteuer kann der Unternehmer als Leistungsempfänger geltend machen, wenn die folgenden Voraussetzungen erfüllt sind:

- Es liegt eine vollständig und richtig ausgestellte Rechnung im Sinne der §§ 14 oder 14a UStG vor, ausgestellt von einem anderen Unternehmer (Leistungserbringer)
- für Lieferungen oder sonstige Leistungen, die für das Unternehmen des Leistungsempfängers erbracht wurden, und
- die in Rechnung gestellten Leistungen wurden bereits ausgeführt.

Es ist somit eine Leistung eines anderen Unternehmers (nicht Privatperson) erforderlich, über die mit einer Rechnung abgerechnet wird, welche die Kriterien der §§ 14 und 14a UStG erfüllt.

Ausnahme:

Bei einer in Rechnung gestellten Anzahlung kann die Vorsteuer bereits abgezogen werden, wenn

- die Anzahlungsrechnung vorliegt und
- die Zahlung geleistet wurde (die Leistung kann später erbracht werden).

Beim Vorsteuerabzug ist darauf zu achten, dass eine ordnungsgemäße Rechnung vorliegt, in der alle gesetzlichen Bestandteile erfüllt sind.

> *Merke:*
>
> Sind die gesetzlichen Bestandteile nicht vollständig erfüllt, ist die Vorsteuer nicht abziehbar!

Beispiel:

U kauft Waren im Dezember 01 ein. Die Rechnung erhält er mit Datum 31.12. jedoch erst am 07.01.02.

Der Aufwand entsteht im alten Jahr, jedoch kann die Vorsteuer erst im neuen Jahr geltend gemacht werden, da der Vorsteuerabzug das Vorhandensein einer ordnungsgemäßen Rechnung voraussetzt. Das Rechnungsdatum ist dabei nicht entscheidend. Wichtiger ist das Datum des Empfangs der Rechnung, dokumentiert durch beispielsweise Posteingangsstempel oder modern durch E-Mail. Es ist daher ratsam, E-Mails zu archivieren, um die Berechtigung des Vorsteuerabzugs nachzuweisen.

Buchung im alten Jahr:

5400	Aufwand	100,00 Euro	an 3300	Verb. LuL	119,00 Euro
1434	Vorsteuer im Folgejahr abzugsfähig	19,00 Euro			

Buchung im Folgejahr:

1406	Vorsteuer	19,00 Euro	an 1434	Vorsteuer Folgejahr abzugsfähig	19,00 Euro

Gerade um den Stichtag 31.12. erweist sich das richtige Buchen der Vorsteuer oft als schwierig. Es werden gute Prozesse benötigt, um Fehlerquellen auszuschließen. Zudem erfolgt die Eingabe in der Buchungsmaske des jeweiligen Softwareprogramms teils unterschiedlich.

3.2.3 Steuersätze

Der Steuersatz beträgt grundsätzlich 19 % (Regelsteuersatz) oder 7 % (ermäßigter Steuersatz). Für den Zeitraum 01.07.2020 bis 31.12.2020 galten veränderte Steuersätze. Der regelmäßige Steuersatz wurde temporär auf 16 % und der ermäßigte Steuersatz auf 5 % reduziert. Für die Frage, welcher Steuersatz anzuwenden ist, ist der Zeitpunkt der Lieferung bzw. Leistung das maßgebende Kriterium.

Beispiel:

Verkauf von Waren im Juni 2020, Rechnung wird im Juli 2020 gestellt. Welcher Steuersatz ist maßgebend?

a) 19 %
b) 16 %

Antwort: Der anzuwendende Steuersatz beträgt 19 %, da die Lieferung noch im Juni erfolgt ist. Der Zeitpunkt der Rechnungsstellung ist insoweit ohne Belang.

3.2.4 Rechnungsprüfung

Um unnötige Rückfragen zu Rechnungen zu vermeiden, ist es ratsam, Ausgangsrechnungen auch in umsatzsteuerlicher Hinsicht zu prüfen.

Sachliche Rechnungsprüfung

Folgende Punkte sind zu beachten:

- Kontrolle der Liefermenge lt. Lieferschein mit der tatsächlichen Anlieferung.
- Stimmt die Bestellmenge mit der Liefermenge lt. Lieferschein überein?
- Sofern kein Lieferschein erstellt wurde, erfolgen die ersten beiden Prüfungen anhand der Rechnung.
- Stimmt der berechnete Preis mit dem Angebot überein?
- Wurde der vereinbarte Rabatt gewährt?
- Ist der vereinbarte Skontosatz angeboten?
- Entspricht das Zahlungsziel dem Angebot?

Rechnerische Rechnungsprüfung

Es ist empfehlenswert, die Rechnung hinsichtlich folgender Rechnungsschritte zu prüfen:

- Kontrolle Menge × Einzelpreis.
- Additionsprüfung.
- Herleitung des Rabattes (Prozentprüfung).
- Subtraktionsprüfung der Rabatte.

3.3 Rechnungen

3.3.1 Vorschriften des § 14 UStG

Nach § 14 UStG werden Rechnungen für umsatzsteuerliche Zwecke definiert. Der Paragraph ist wie folgt aufgebaut:

Absatz 1: Definition der Rechnung

Absatz 2: Rechnungsausstellung (Recht, Pflicht, Gutschrift)

Absatz 3: Elektronisch übermittelte Rechnung

Absatz 4: Mussinhalt der Rechnung

Rechnung i. S. d. § 14 Abs. 1 UStG

> *[Eine] „[1]Rechnung ist jedes Dokument, mit dem über eine Lieferung oder sonstige Leistung abgerechnet wird, gleichgültig, wie dieses Dokument im Geschäftsverkehr bezeichnet wird. […] [2] 7 Rechnungen sind auf Papier oder vorbehaltlich der Zustimmung des Empfängers auf elektronischem Weg zu übermitteln."*

Eine Rechnung kann auch aus verschiedenen Dokumenten bestehen.

Das **Recht zur Rechnungsausstellung** gemäß § 14 Abs. 2 Satz 1 UStG

> *„[1]Führt der Unternehmer eine Lieferung oder eine sonstige Leistung […] aus, […] ist er berechtigt, eine Rechnung auszustellen."*

Die **Pflicht zur Rechnungsausstellung** gemäß § 14 Abs. 2 Satz 1 Nr. 2 Satz 2 UStG

> *„[2]Soweit er den Umsatz an einen anderen Unternehmer für dessen Unternehmen […] ausführt, ist er verpflichtet, eine Rechnung auszustellen."*

Das **Recht zur Gutschriftausstellung** gemäß § 14 Abs. 2 Sätze 2 und 3. UStG

> *„[2]Unbeschadet der Verpflichtung nach Satz 1 Nr. […] 2 Satz 2 kann eine Rechnung von einem […] [dort] bezeichneten Leistungsempfänger für Lieferungen oder sonstige Leistungen des Unternehmers ausgestellt werden, sofern dies vorher vereinbart wurde ([umsatzsteuerliche] Gutschrift). [3]Die Gutschrift verliert die Wirkung einer Rechnung, sobald der Empfänger der Gutschrift dem ihm übermittelten Dokument widerspricht."*

Neben umsatzsteuerlichen Gutschriften gibt es kaufmännische Gutschriften. Diese stellen lediglich Rechnungskorrekturen dar und sind insofern vielmehr als (Teil-)Storno in der Buchhaltung zu erfassen.

Das Bild (Abbildung 4) stellt den Unterschied dar zwischen umsatzsteuerlichen und kaufmännischen Gutschriften.

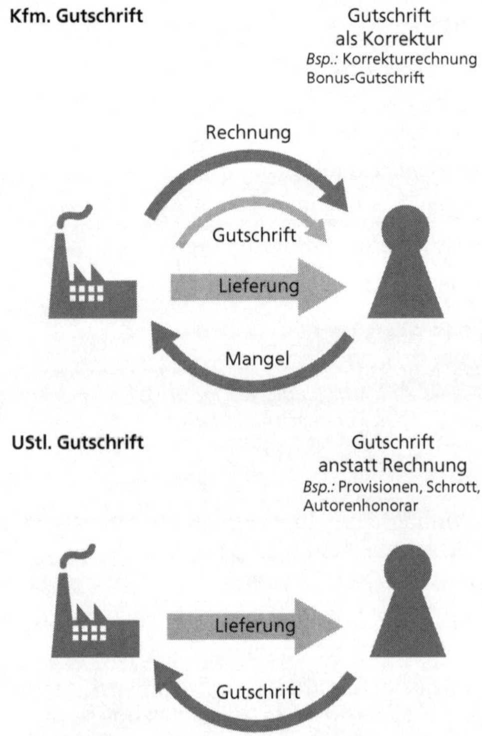

Abbildung 4: Gegenüberstellung der kaufmännischen und der umsatzsteuerlichen Gutschrift

(Quelle: Eigene Darstellung)

> *Hinweis:*
>
> Die Abrechnung musste explizit **als „Gutschrift" betitelt** werden (Amtshilferichtlinie-Umsetzungsgesetz mit Wirkung zum 29.06.2013). Inzwischen ist die Bezeichnung „Gutschrift" auch für kaufmännische Gutschriften (Boni, Rabatte, Skonti etc.) wieder zulässig, sofern sich aus den Unterlagen zweifelsfrei ergibt, dass es sich um eine kfm. Gutschrift handelt, **BMF vom 25.10.2013.**

Das **Recht zur Rechnungsausstellung durch Dritte** ist in § 14 Abs. 2 Satz 4 UStG geregelt. Demnach gilt:

> *„[4]Eine Rechnung kann im Namen und für Rechnung des Unternehmers oder eines in Satz 1 Nr. 2 bezeichneten Leistungsempfängers von einem Dritten ausgestellt werden."*

Die folgende Darstellung zeigt verschiedene Beispiele, die grundsätzlich zum Vorsteuerabzug führen können, sofern die weiteren Voraussetzungen (ordnungsgemäße Rechnungsinhalte etc.) gegeben sind (Tabelle 10).

Tabelle 10: Beispiele zur Vorsteuerabzugsberechtigung

Sachverhalt	**Ja**	**Nein**
Kreditkartenabrechnung		X
Belastungsanzeige	X	
Lieferschein		X
Mietvertrag als Dauerrechnung	X	
Kontoauszug		X
Vorauskasse	X	
Pro-forma-Rechnung		X (idR)
Invoice	X	
Gutschrift aufgrund Qualitätsmangel	X	
Tankquittung auf Thermopapier	X	

Merke:

Eine Rechnung muss nicht die Überschrift „Rechnung" tragen. Entscheidend ist, dass aus dem Dokument erkannt werden kann, dass es sich um eine Rechnung handelt.

3.3.2 Elektronische Rechnungsübermittlung

Nach § 14 Abs. 3 UStG müssen bei einer auf elektronischem Weg übermittelten Rechnung die Echtheit der Herkunft

- die Unversehrtheit des Inhalts und
- die Lesbarkeit

gewährleistet sein.

Insoweit sind Rechnungen auf elektronischem Wege wie Papierrechnungen zu behandeln. Die drei Voraussetzungen müssen für die gesamte Archivierungsdauer vorliegen. Echtheit der Herkunft und Unversehrtheit sind durch innerbetriebliches Kontrollverfahren nachzuprüfen. Folgende Möglichkeiten sind denkbar:

- Abgleich mit Lieferschein etc. und Abhaken der Rechnung
- interne (schriftliche) Büroanweisung für Mitarbeiter
- Beauftragung des Steuerberaters (nur eingeschränkt möglich)

Die wichtigste Änderung ist die Vereinfachung der elektronischen Rechnung. Bislang wurden an die Übermittlung elektronischer Rechnungen bestimmte technische Anforderungen gestellt. So konnte beispielsweise eine Rechnung nicht einfach per E-Mail, als PDF-Datei oder als E-Postbrief übermittelt werden. All dies wurde zum 01.07.2011 möglich für Abrechnungen, die nach dem 30.06.2011 ausgeführt wurden. Jeder Unternehmer ist nun frei in der Wahl der technischen Übertragungsart. Der Leistungsempfänger muss jedoch der Rechnungsübermittlung aus elektronischem Wege (zumindest konkludent) zustimmen.

Beachten Sie, dass Telefaxübermittlungen nur anzuerkennen sind, wenn sie von Standardtelefaxgerät zu Standardtelefaxgerät gesendet werden, also ohne zwischengeschaltete Datenspeicher. Solche technisch veralteten Telefaxgeräte sind in der Praxis kaum noch anzutreffen, so dass **Rechnungen per Telefax grundsätzlich unzureichend** sind.

3.3.3 Ordnungsgemäße Rechnung

Rechnungen müssen die folgenden Angaben enthalten (§ 14 Abs. 4 UStG):

1. den vollständigen Namen und die vollständige Anschrift des leistenden Unternehmers und des Leistungsempfängers,
2. die dem leistenden Unternehmer vom Finanzamt erteilte Steuernummer oder die ihm vom Bundesamt für Finanzen erteilte Umsatzsteuer-Identifikationsnummer,
3. das Ausstellungsdatum
4. eine fortlaufende Nummer in einer oder mehreren Zahlenreihen, die zur Identifizierung der Rechnung vom Rechnungsaussteller einmalig vergeben wird (Rechnungsnummer),
5. die Menge und die Art (handelsübliche Bezeichnung) der gelieferten Gegenstände oder den Umfang und die Art der sonstigen Leistung,
6. den Zeitpunkt der Lieferung oder sonstigen Leistung oder der Vereinnahmung des Entgelts oder eines Teils des Entgelts in den Fällen des Absatzes 5 Satz 1 (= Anzahlungen), sofern dieser Zeitpunkt feststeht und nicht mit dem Ausstellungsdatum der Rechnung identisch ist,
7. das nach Steuersätzen und den Hinweis auf einzelne Steuerbefreiungen aufgeschlüsselte Entgelt für die Lieferung oder sonstige Leistung (§ 10) sowie jede im Voraus vereinbarte Minderung des Entgelts, sofern sie nicht bereits im Entgelt berücksichtigt ist und
8. den anzuwendenden Steuersatz sowie den auf das Entgelt entfallenden Steuerbetrag oder im Fall einer Steuerbefreiung einen Hinweis darauf, dass für die Lieferung oder sonstige Leistung eine Steuerbefreiung gilt,
9. Hinweise zur Aufbewahrungspflicht (unter bestimmten Voraussetzungen).

> *Beachte:*
>
> Fehlt einer dieser Angaben, führt dies in der Regel zum Verbot des Vorsteuerabzugs.

Im Weiteren erfolgen Erläuterungen zu den Pflichtangaben (vgl. Abbildung 5).

3.3.3.1 Name und Anschrift des leistenden Unternehmers und des Leistungsempfängers

Es ist der vollständige Name und die vollständige Anschrift des leistenden Unternehmers sowie des Leistungsempfängers anzugeben (§ 14 Abs. 4 Nr. 1 UStG). Abkürzungen, Buchstaben, Zahlen und Symbole können verwendet werden, wenn diese sich eindeutig feststellen lassen.

Mustermann GmbH, *Musterweg 9, 79098 Musterdsta* 1

St. Nr. 12/123/12345
USt-ID Nr. DE 12345678900 2

Firma
XY GmbH
z. Hd. Herrn Max Lustig 1
Beispielstrasse 3
79115 Beispielort

RG Nr.: A-345675 4

Rechnungsdatum: 10.3.20xx 3
KD NR. 123456
Lieferschein-Nr.: 55546

RECHNUNG

5

Menge	Bezeichnung	Einzelpreis	USt-Satz	Gesamtpreis EUR
100	Flaschen Sekt	10,00 EUR	19 % USt	1.000,00
100	Liter Milch	1,00 EUR	7 % USt	100,00

Summe Waren 19% USt	7	1.000,00
Summe Waren 7% USt		100,00
Zzgl. USt 19%		190,00
Zzgl. USt 7%	8	7,00
Gesamtbetrag Brutto	8	**1.297,00**

6

Das Leistungsdatum entspricht dem Datum des Lieferscheins.

3% Skonto bei Zahlung innerhalb von 14 Tagen auf das folgende Konto:

Musterbank Musterstadt, BIC: XXYYSS, IBAN: DE12 1234 0012 0123 1234 12

Abbildung 5: Beispiel einer Musterrechnung

(Quelle: Eigene Darstellung)

Der Leistungsempfänger muss auf das Unternehmen lauten und nicht auf einen Mitarbeiter.

Typische Fehler entstehen im Bereich natürlicher Personen und Personenunternehmen.

Beispiel:

Bezeichnung des Leistenden: falsch	**Bezeichnung des Leistenden: richtig**
Bauregie Tupfingen GbR	Fritz Müller und Max Maier Bauregie Tupfingen GbR

Die Gesellschaft bürgerlichen Rechts kann keinen Firmennamen in Form einer Sachfirma tragen. Auch bei einer OHG müssen die Gesellschafter benannt werden.

Mit der bloßen Bezeichnung „Bauregie Tupfingen" ist der Leistende Unternehmer – hier eine GbR bestehend aus Herrn Müller und Herrn Maier – nicht ordnungsgemäß identifizierbar.

Beispiel:

Der Kaufmann A ist Gesellschafter mehrerer GmbHs. Der Leistungsempfänger erhält die Leistung vertragsgemäß von der A-GmbH, aber die Rechnung von der B-GmbH.

Lösung:

Nicht der leistende Unternehmer (A-GmbH) hat die Rechnung erteilt – deshalb besteht kein Vorsteuerabzug. Dabei ist es unerheblich, ob die B-GmbH eine Schwestergesellschaft oder eine Tochtergesellschaft ist.

Lediglich bei Vorliegen einer umsatzsteuerlichen Organschaft zwischen der A-GmbH und der B-GmbH wäre ein Vorsteuerabzug möglich, da die einzelnen Organgesellschaften eine umsatzsteuerliche Unternehmenseinheit darstellen.

Für das Vorliegen einer umsatzsteuerlichen Organschaft bzw. einer körperschaftsteuerlichen Organschaft sind unterschiedliche Kriterien maßgeblich (siehe Tabelle 11).

Tabelle 11: Kriterien für das Vorliegen einer umsatz- bzw. körperschaftsteuerlichen Organschaft

	Umsatzsteuerlich	**Körperschaftsteuerlich + gewerbesteuerlich**
Finanzielle Eingliederung	erforderlich	erforderlich
Wirtschaftliche Eingliederung	erforderlich	nicht erforderlich
Organisatorische Eingliederung	erforderlich	nicht erforderlich
Ergebnisabführungsvertrag	nicht erforderlich	erforderlich

Die Angabe des Leistungsempfängers hat aber lediglich Indiz-Funktion. Für den Vorsteuerabzug ist ferner erforderlich, dass der in der Rechnung bezeichnete

„Leistungsempfänger" wirklich der Besteller/Empfänger der Leistung war. Typische Fehler bei der Bezeichnung vom Leistungsempfänger sind (Tabelle 12).

Tabelle 12: Typische Fehler bei der Bezeichnung des Leistungsempfängers

Falsche Bezeichnung des Leistungsempfängers	**Richtige Bezeichnung des Leistungsempfängers**
Sonnenschein	Sonnenschein GmbH Es kommt leider gelegentlich vor, dass die Rechtsform einfach weggelassen wird, insbesondere wenn davon ausgegangen wurde, dass die Rechtsform sowieso klar wäre
Peter Meier	Peter Meier GmbH Besteller war nicht Herr Meier, sondern seine GmbH
Gerätegemeinschaft Stein auf Stein	Gerätegemeinschaft Stein auf Stein, Max Maurer und Hubert Tischler 1. Erwerben mehrere Landwirte gemeinsam als Bruchteilsberechtigte einen Mähdrescher, um diesen in ihren eigenen landwirtschaftlichen Betrieben einzusetzen, so sind sie umsatzsteuerrechtlich Leistungsempfänger, wenn die Bruchteilsgemeinschaft selbst keine Umsätze ausführt. 2. In diesem Fall steht jedem der Landwirte der Vorsteuerabzug entsprechend seinem Anteil an der Bruchteilsgemeinschaft zu ... 3. Ist in der an die Bruchteilsgemeinschaft gerichteten Rechnung über die Lieferung des Mähdreschers Umsatzsteuer in einem Gesamtbetrag gesondert ausgewiesen, können die auf die einzelnen Landwirte entfallenden Vorsteuerbeträge gesondert und einheitlich festgestellt werden. BFH 01. 10. 1998, V R 31/98; nicht im BStBl. veröffentlicht.
Bauherrengemeinschaft Schlossstraße	Bauherrengemeinschaft Schlossstraße Herrn Xaver Fröhlich und Frau Erna Lustig Herr Fröhlich und Frau Lustig bauen zusammen ein Haus das nach Wohnungseigentumsgesetz in Eigentumswohnungen geteilt ist. In Sammelrechnungen an Bauherrengemeinschaften müssen die einzelnen Leistungsempfänger benannt sein. FG Düsseldorf EFG 1992 S. 227 und BFH BStBl. II 1994 S. 488.
Peter Meier	Peter und Irma Meier Peter Meier ist zwar bei der Bestellung aufgetreten, allerdings hat er für sich und seine Frau bestellt, denn Peter und Irma haben eine GbR. Es ist zu prüfen, wer aus dem Schuldverhältnis berechtigt ist – nur ein Ehegatte, oder beide. OFD Kiel UR 1991 S. 183 + BFH BStBl. II 1996 S. 111.

3.3.3.2 Steuernummer oder USt-IdNr.

Der leistende Unternehmer hat entweder die Steuernummer oder die Umsatzsteuer-Identifikationsnummer (USt-IdNr.) auf der Rechnung anzugeben (§ 14 Abs. 4 Nr. 2 UStG). Hat er keine USt-IdNr., ist die Steuernummer zwingend erforderlich. Erfolgt der Leistungsaustausch zwischen zwei Unternehmern im

EU-/EWR-Raum muss die Umsatzsteuer-Identifikationsnummer vom Leistenden **und** vom Leistungsempfänger auf der Rechnung aufgeführt sein.

Seit dem Jahr 2020 muss die USt-IdNr. aktiv mitgeteilt werden.

> *Hinweis:*
>
> Um die Umsatzsteuerfreiheit zu gewährleisten, ist ratsam, dass die USt-IdNr. bei jedem Geschäftsvorfall mithilfe der qualifizierten Abfragen bei Bundeszentralamt (*www.bzst.de*) für Steuern überprüft wird.

3.3.3.3 Ausstellungsdatum

Der leistende Unternehmer hat das Ausstellungsdatum auf der Rechnung zu vermerken (§ 14 Abs. 4 Nr. 3 UStG).

3.3.3.4 Rechnungsnummer

Die Rechnungsnummer muss aus einer fortlaufenden Nummer mit einer oder mehreren Zahlenreihen bestehen. Zweck ist es, sicherzustellen, dass die Rechnung einmalig ist. Deshalb ist es auch zulässig, mehrere Zahlen- oder Buchstabenreihen bzw. eine Kombination von Ziffern und Buchstaben zu wählen (§ 14 Abs. 4 Nr. 4 UStG).

3.3.3.5 Menge und Art

Der Unternehmer hat die Art und die Menge des gelieferten Gegenstandes anzugeben (§ 14 Abs. 4 Nr. 5 UStG). Hierfür können Abkürzungen, Buchstaben, Zahlen oder Symbole verwendet werden, wenn die Bedeutung eindeutig festgelegt ist. Die Seriennummer muss nicht zwingend angegeben werden, da sie nicht Teil einer handelsüblichen Bezeichnung ist. Bei einer Leistung muss zusätzlich der Ort der ausgeführten Leistung, die Menge der verwendeten Materialien und der aufgewendete Arbeitsaufwand vermerkt werden.

Formulierungen wie „für allgemeine wirtschaftliche Beratung“, „für zusätzliche betriebswirtschaftliche Beratung“ … berechnen wir Ihnen pauschal wie vereinbart“, sind mit Vorsicht zu betrachten.

Auch beim massenhaften Handel von Kleidungsstücken und von Modeschmuck im Niedrigpreissegment ist eine eindeutige und leicht nachprüfbare Leistungsbeschreibung erforderlich; d. h. **keine pauschale Bezeichnung einer Warenklasse,** zum Beispiel „div. Billigschmuck“ (vgl. FG Hessen vom 12. 10. 2017 – 1 K 547/14 und 1 K 2402/14, Rev. XI R 2/18).

Eine rückwirkende Rechnungsberichtigung einer ursprünglichen fehlerhaften Rechnung ist möglich. Die ursprüngliche Rechnung muss jedoch gewissen Mindestanforderungen beinhalten:

- Rechnungsaussteller
- Leistungsempfänger
- Leistungsbeschreibung

- Entgelt und
- gesonderte ausgewiesene Umsatzsteuer

Diese Angaben müssen jedoch explizit nicht konkret sein, sondern nur nicht in derart hohem Maße unbestimmt, unvollständig oder offensichtlich unzutreffend, dass sie fehlenden Angaben gleichstehen (vgl. BHF vom 20.10.2016, VR 26/15, BFH/NV 2017, 252).

Dies wurde von der Finanzverwaltung inzwischen ebenso bestätigt. Damit kann eine Rechnungskorrektur erfolgen, wenn die Rechnung berichtigungsfähig ist (BMF Schreiben vom 28.09.2020, III C 2 – S 7286-a/19/10001:001, BStBl. I 2020).

Mit dem Jahressteuergesetz 2020 die klargestellt, dass die Berichtigung der Rechnung um fehlende oder unzutreffende Angaben kein rückwirkendes Ereignis darstellt i. S. d. § 175 AO und § 233a AO. Die Berichtigung des Vorsteuerabzugs ist nur innerhalb der Grenzen der allgemeinen Änderungsvorschriften der AO möglich. Da ein rückwirkendes Ereignis i. S. der AO verneint wird, ist ein abweichender Zinslauf nicht möglich.

So erfreulich die jüngste Entwicklung für die Unternehmen sein mag, sollte die Rechnungseingangsprüfung **auf Vollständigkeit und Richtigkeit der Pflichtangaben** keinesfalls vernachlässigt werden. In der nachträglichen Abwehr von Steuerrisiken mag es hilfreich sein, Rechnungen auch rückwirkend berichtigen zu können. Dies setzt aber zum Beispiel voraus, dass der Rechnungsaussteller noch vorhanden ist, um die Berichtigung vorzunehmen.

Bei der Gestaltung künftiger interner Prozesse wäre es hingegen fatal, die formellen Anforderungen an Rechnungen nicht mehr ernst zu nehmen. Im Gegenteil sollte ihnen auch künftig bereits von Beginn an die erforderliche Aufmerksamkeit geschenkt werden.

Tipp:

Bei entdeckten Rechnungsmängeln sollten sich Unternehmen vorsichtshalber um eine schnelle Heilung der Mängel, also um Rechnungsberichtigung, bemühen. Dabei ist es vor dem Hintergrund des hohen administrativen Aufwands einer Rechnungsberichtigung nicht ratsam, damit zu warten, auch wenn die neue Rechtsprechung eine Berichtigung spätestens bis zum Schluss der letzten mündlichen Verhandlung vor dem FG erlauben würde.

3.3.3.6 Leistungszeitpunkt

In der Rechnung muss der Zeitpunkt der Leistungserbringung vermerkt werden (§ 14 Abs. 4 Nr. 6 UStG). Es genügt der Kalendermonat. Hier ist besondere Vorsicht geboten, da die Rechnungsausteller oftmals den Leistungszeitpunkt mit dem Ausstellungsdatum verwechseln. Dennoch kann es sein, dass der Leistungszeitpunkt mit dem Ausstellungsdatum übereinstimmt. Bei Anzahlungen oder Vorauszahlungen tritt an Stelle des Zeitpunkts der Lieferung/sonstigen Leistung der Zeitpunkt der Vereinnahmung des Entgelts oder eines Teils des Entgelts, allerdings nur, wenn der Zeitpunkt der Vereinnahmung feststeht.

Nach Ansicht vom BFH vom 01.03.2018 – V R 18/17, BFH/NV 2018, 916 kann sich der Leistungszeitpunkt aus dem **Ausstellungsdatum der Rechnung** ergeben, wenn davon auszugehen ist, dass die Leistung in dem Monat bewirkt wurde, in dem die Rechnung ausgestellt wurde.

3.3.3.7 Entgelt

Das Entgelt ist nach Steuersätzen aufzuschlüsseln und als Nettobetrag anzugeben (§ 14 Abs. 4 Nr. 7 UStG). Bei unrichtiger Angabe des Entgelts entfällt der Vorsteuerabzug. Ist das Nettoentgelt falsch, weil eine überhöhte Umsatzsteuer berechnet wurde, darf jedoch die gesetzlich geschuldete Umsatzsteuer abgezogen werden. Im Voraus vereinbarte Skonti, Boni und Rabatte sind ebenfalls auf der Rechnung anzugeben.

Es besteht kein Vorsteuerabzug bei nicht ausgewiesenem Entgelt = Nettobetrag (BFH vom 27.07.2000 – V-R-55/99 –, BFH/NV 2001 S. 130). Eine Rechnung, in der zwar der Bruttopreis, der Steuersatz und der USt-Betrag ausgewiesen sind, nicht aber das Nettoentgelt, berechtigt nicht zum Vorsteuerabzug.

Dies stellt somit eine extrem formalistische Auslegung dar, die unbedingt so eingehalten werden muss. Es reicht demnach nicht aus, wenn an Stelle des **Netto**betrages und der Steuer, stattdessen der **Brutto**betrag und die Steuer ausgewiesen werden.

Erhöhte Vorsicht ist auch bei Rechnungen aus **Registrierkassen mit einem Gesamtbetrag über 550,00 Euro** zu wahren („Kassenzettel"). Auch diese müssen den Nettobetrag ausweisen.

Beispiel:

Falsch:	Endsumme 595,00 Euro „darin enthalten 95,00 Euro Umsatzsteuer"
Richtig:	Nettobetrag 500,00 Euro + USt 95,00 Euro = Endsumme 595,00 Euro

Dies gilt nicht für Rechnungen **bis 250,00 Euro** (Kleinbetragsregelung).

Häufige Verstöße gegen diese Erfordernisse sind bei Bewirtungsrechnungen anzutreffen, die als Kassenausdruck auf Thermopapier erstellt werden.

3.3.3.8 Steuersatz und Steuerbetrag

Der Steuersatz und der Steuerbetrag sind gesondert auszuweisen (§ 14 Abs. 4 Nr. 8 UStG).

Bei Steuerbefreiungen sollte die Rechnung einen Hinweis auf den Grund der Steuerbefreiung enthalten. Nach Verwaltungsmeinung reicht dabei eine umgangssprachliche Form, wie beispielsweise „Ausfuhr" oder „innergemeinschaftliche Lieferung" aus.

Fehlt dieser Hinweis, soll laut richterlicher Ansicht eine Steuerbefreiung entfallen.

Wird der Steuerbetrag in fremder Währung ausgewiesen, ist dieser in Euro umzurechnen. Dabei ist grundsätzlich der Durchschnittskurs maßgebend, den das BMF jeweils für den Monat der Leistung veröffentlich, § 16 Abs. 6 UStG.

Der Regelsteuersatz gemäß § 12 Abs. 1 UStG beträgt derzeit 19 %. Er gilt immer dann, wenn kein anderweitiger Steuersatz bestimmt ist. Der ermäßigte Steuersatz von 7 % gilt beispielsweise für Nahrungsmittel, Bücher und Zeitschriften, für Pflanzen, für die Beförderungen von Personen mit Schiffen und die Beförderungen von Personen im Schienenbahnverkehr mit Ausnahme der Bergbahnen, im Verkehr mit Oberleitungsomnibussen, im genehmigten Linienverkehr mit Kraftfahrzeugen, im Kraftdroschkenverkehr und die Beförderungen im Fährverkehr innerhalb einer Gemeinde oder wenn die Beförderungsstrecke nicht mehr als fünfzig Kilometer beträgt.

Gemäß § 24 UStG gelten für Leistungen land- und forstwirtschaftlicher Betriebe besondere Steuersätze:

- 5,5 % für forstwirtschaftliche Umsätze,
- 10,7 % für landwirtschaftliche Umsätze (außer Getränke).

> *Merke:*
>
> Beachten Sie die temporäre Steuersatzminderung für den Zeitraum 01.07.2020 bis 31.12.2020 von 19 % auf 16 % bzw. von 7 % auf 5 %. Für die Anwendung des Steuersatzes ist der Zeitpunkt der Lieferung bzw. Leistung entscheidend – nicht der Zeitpunkt der Rechnungsstellung.

3.3.3.9 Hinweis zur Aufbewahrungspflicht

Ist der Leistungsempfänger kein Unternehmer oder ein Unternehmer, der die Leistung für seinen nichtunternehmerischen Bereich verwendet, so muss ein Hinweis auf die Aufbewahrungspflicht von zwei Jahren auf der Rechnung vermerkt werden (§ 14 Abs. 4 Nr. 9 UStG).

> *Hinweis:*
>
> Die Archivierung von elektronischen Rechnungen hat nach dem **GoBD (BMF vom 14.11.2014**) in dem originären Format zu erfolgen, in dem die Rechnungen ausgestellt und empfangen wurden. Deshalb ist kein Medienbruch, d. h. ein Ausdruck auf Papier und dessen Archivierung zulässig. Auch eine Archivierung in einem anderen Format, zum Beispiel nach einer Konvertierung wäre nicht ausreichend. Die elektronische Rechnung muss stets im Originalformat archiviert werden (samt der beigefügten E-Mail, sofern diese mehr als nur Transportcharakter hat).
>
> Zudem ist eine Verfahrensdokumentation unerlässlich. Eine Musterdokumentation ist unter *www.bstbk.de* zu finden.
>
> Ein Verstoß gegen die Archivierungspflicht kann mit einem **Bußgeld** von bis zu 5.000,00 Euro geahndet werden. Zu beachten ist, dass auch der Vorsteuerabzug aus einer nicht ordnungsgemäß archivierten Rechnung versagt werden kann.

Der Unternehmer muss nachweisen können, dass ihm die Originalrechnung ursprünglich vorgelegen hat. Probleme ergeben sich daher insbesondere, wenn der leistende Unternehmer den Umsatz nicht mehr bestätigen kann.

3.3.3.10 Zusätzliche Pflichtangaben in besonderen Fällen

B2B-Leistungen in einen andere EU-Mitgliedstaat/innergemeinschaftliche Lieferung

Rechnet der Unternehmer über eine B2B-Leistung (Business-to-Business) gem. § 3a Abs. 2 UStG ab, die ein einem anderen EU-Mitgliedstaat steuerbar ist, hat der auf der Rechnung neben der eigenen USt-IdNr. auch die USt-IdNr. des Kunden anzugeben. Dies gilt ebenso, wenn der Unternehmer über eine in Deutschland steuerbare innergemeinschaftliche Lieferung abrechnet. Sofern ein neues Fahrzeug innergemeinschaftliche geliefert wird, sind zusätzlich die Angaben zur Fahrzeugart, Zeitpunkt der Inbetriebnahme sowie des Erwerbs anzugeben.

Reverse-Charge-Verfahren

Wird über eine Leistung abgerechnet, für die der Kunde die Steuer schuldet, hat die Rechnung künftig den exakten Hinweis **„Steuerschuldnerschaft des Leistungsempfängers"** zu enthalten. Eine leicht abweichende Formulierung wie „Steuerschuld geht auf Leistungsempfänger über" entspricht nicht mehr den gesetzlichen Regelungen. Die Anforderungen an diese Formulierung sollte auch durch die Angabe „Reverse Charge" aus der englischen Sprachfassung der MwStSystRL erfüllt sein.

Innergemeinschaftliche Lieferungen

Für innergemeinschaftliche Lieferungen (§ 6a UStG) und für im Inland steuerpflichtige Leistungen eines im übrigen Gemeinschaftsgebiet ansässigen Unternehmers (§ 13b Abs. 1 UStG) ist spätestens am 15. Tag des Monats, der auf den Monat folgt, in dem der Steuertatbestand eingetreten ist, eine Rechnung auszustellen (§ 14a Abs. 1 UStG).

Anzuwendendes Recht für Rechnungsstellung

Das maßgeblich anzuwendende Recht für die Rechnungsstellung richtet sich nach den Vorschriften des Mitgliedstaats, in dem der Umsatz ausgeführt wird. Von diesem Grundsatz wird folgender Fall ausgenommen: Der Unternehmer ist nicht im Mitgliedstaat ansässig, in dem der Umsatz ausgeführt wird, aber in einem anderen Mitgliedstaat und die Mehrwertsteuer wird von dem Leistungsempfänger geschuldet. In diesem Fall unterliegt die Rechnungsstellung den Vorschriften des Mitgliedstaats, in dem der Unternehmer ansässig ist. Sofern kein Sitz oder feste Niederlassung vorhanden ist, gilt das Recht des Mitgliedstaats, in dem der Unternehmer seinen Wohnsitz oder gewöhnlichen Aufenthalt hat (§ 14 Abs. 7 UStG).

3.3.4 Kleinbetragsregelung

Die Kleinbetragsrechnung ist eine Vereinfachungsregelung zur Rechnungsausstellung. Sie betrifft Rechnungen mit einem Gesamtbetrag von **rückwirkend ab 01.01.2017 bis zu 250 Euro brutto** (§ 33 UStDV). Hier sind die Anforderungen für den Vorsteuerabzug nicht so streng.

Eine Kleinbetragsrechnung (vgl. Abbildung 6) muss enthalten:

- Vollständiger Name und Anschrift des leistenden Unternehmers
- Ausstellungsdatum
- Menge und Art der gelieferten Gegenstände
- Entgelt und Steuerbetrag in einer Summe (= Bruttobetrag)
- Steuersatz (im Falle einer Steuerbefreiung Hinweis)

Kleinbetragsrechnung

Mustermann GmbH, *Musterweg 9, 79098 Musterdstadt* 1

St. Nr. 12/123/12345
USt-ID Nr. DE 12345678900

RG Nr.: A-345675

Rechnungsdatum: 11.1.20xx 2

RECHNUNG

3

Menge	Bezeichnung	Einzelpreis	Gesamtpreis EUR
2	Flaschen Weißwein	12,30 EUR	24,60
1	Flasche Champagner	35,00 EUR	35,00

Gesamtbetrag Brutto 4 **59,60**

4

Der Rechnungsbetrag enthält 19% USt.

Abbildung 6: Beispiel für eine Kleinbetragsrechnung
(Quelle: Eigene Darstellung)

Die Vereinfachungsregelung für Kleinbetragsunternehmen kommt jedoch nicht zur Anwendung, wenn es sich um Fälle des innergemeinschaftlichen Versandhandels (§ 3c UStG), innergemeinschaftliche Lieferungen (§ 6a UStG) und um Reverse-Charge-Umsätze (§ 13b UStG) handelt.

Ein weiterer Sonderfall betrifft Fahrausweise zur **Personenbeförderung**, § 34 UStDV. Bei diesen sind folgende Mindestangaben erforderlich:

1. den vollständigen Namen und die vollständige Anschrift des Unternehmers, der die Beförderung ausführt;
2. das Entgelt und den Steuerbetrag in einer Summe;

3. den Steuersatz, wenn die Beförderungsleistung nicht dem ermäßigten Steuersatz unterliegt;
4. das Ausstellungsdatum.

3.3.5 Regelung zum Kleinunternehmer § 19 UStG

Für sog. Kleinunternehmer gelten besondere Erleichterungen. Der Kleinunternehmer darf in Rechnungen keine USt offen ausweisen, weil er keine schuldet. Der Kleinunternehmer kann keine Vorsteuer geltend machen.

3.3.5.1 Umsatzgrenze beim Kleinunternehmer

Kleinunternehmer ist automatisch, dessen Gesamtumsatz

- im Vorjahr kleiner/gleich 17.500,00 Euro bis 2019 und ab 2020 22.000,00 Euro (Bürokratieentlastungsgesetz III) war und
- im lfd. Jahr voraussichtlich 50.000 Euro nicht übersteigt.

Maßgeblich sind die vereinnahmten Umsätze (Ist-Umsätze). Es erfolgt eine entsprechende Umrechnung bei unterjähriger Unternehmenseröffnung/Schließung.

Gesamtumsatz

Summe der steuerbaren Leistungen (ggf. brutto)

./. steuerfreie Leistungen gemäß § 4 Nrn. 8i, 9b, 11–28 UStG

./. steuerfreie Leistungen gemäß § 4 Nrn. 8a–h, 9a, 10 UStG, aber nur dann, wenn sie Hilfsumsätze sind

./. Umsätze aus der Veräußerung des Anlagevermögens (ggf. brutto)

= Gesamtumsatz

Die Rechnung sollte folgende Inhalte berücksichtigen:

- sollständiger Name und Anschrift des leistenden Unternehmers und des Leistungsempfängers
- Steuernummer (oder Umsatzsteueridentifikationsnummer, wobei diese nur in Ausnahmefällen vorliegen wird)
- Ausstellungsdatum der Rechnung
- fortlaufende Rechnungsnummer
- Menge und handelsübliche Bezeichnung der gelieferten Gegenstände oder die Art und den Umfang der sonstigen Leistung
- Zeitpunkt der Lieferung bzw. Leistung
- Entgelt
- im Voraus vereinbarte Minderungen des Entgelts

Eine Hinweispflicht auf die Anwendung der Kleinunternehmerregelung besteht nicht.

> *Tipp:*
>
> Es empfiehlt sich jedoch, hierauf hinzuweisen, da andernfalls mit einer Zahlungsverzögerung zu rechnen ist, da der Rechnungsempfänger bei einer Rechnungseingangskontrolle den mangelnden Steuerausweis möglicherweise beanstanden wird.

Dies kann zum Beispiel durch den Zusatz geschehen:

„Kein Steuerausweis aufgrund der Anwendung der Kleinunternehmerregelung (§ 19 UStG)."

Eine Kleinunternehmer-Rechnung kann beispielsweise wie in Abbildung 7 gestaltet werden.

Mustermann GmbH, *Musterweg 9, 79098 Musterdstadt* **1**

St. Nr. 12/123/12345
USt-ID Nr. DE 12345678900

RG Nr.: A-345675

Rechnungsdatum: 11.1.20xx 2

RECHNUNG

3

Menge	Bezeichnung	Einzelpreis	Gesamtpreis EUR
2	Flaschen Weißwein	12,30 EUR	24,60
1	Flasche Champagner	35,00 EUR	35,00

Gesamtbetrag Brutto 4 **59,60**

5

Nach § 19 UStG besteht keine Umsatzsteuerpflicht.

Bitte überweisen Sie den Rechnungsbetrag bis zum xx.xx.20xx auf das folgende Konto: IBAN ....

Abbildung 7: Beispiel für eine Kleinunternehmer-Rechnung
(Quelle: Eigene Darstellung)

Merke:

- Ein Kleinunternehmer unterliegt nicht der Umsatzsteuer.
- Seine Rechnungen weisen keine USt aus.
- Dennoch muss er eine Steuernummer oder USt-IdNr. auf der Rechnung angeben.
- Der Vermerk „Nach § 19 UStG besteht keine Umsatzsteuerpflicht" weist auf die Kleinunternehmer-Regelung hin.

3.3.5.2 Option zur Regelbesteuerung

Der Kleinunternehmer kann auf diesen Status verzichten indem er zur Regelbesteuerung optiert. Der Verzicht kann im Erstjahr bis zur Unanfechtbarkeit des Steuerbescheides erklärt werden.

Die Option ist oft ratsam, weil dadurch die Erstattung der Vorsteuerbeträge erreicht werden kann.

Sie empfiehlt sich deshalb immer,

- wenn die Leistungsempfänger ihrerseits vorsteuerabzugsberechtigt sind, dort die USt demnach ein durchlaufender Posten ist, oder
- wenn die Vorsteuern im 5-Jahreszeitraum voraussichtlich höher sind, als die Umsatzsteuer, zum Beispiel bei Existenzgründern.

An seine Option bleibt der Unternehmer fünf Jahre lang gebunden. Danach kann er wieder den Status des Kleinunternehmers wählen. Diese „Rückoption" kann ebenfalls bis zur Unanfechtbarkeit des Steuerbescheides erklärt werden. Bis dahin – nachträglich unberechtigt – offen ausgewiesene USt wird nur dann geschuldet, wenn keine Rechnungsberichtigungen durchgeführt werden.

3.3.6 Versagung des Vorsteuerabzuges

Das Fehlen einer oder mehrerer Kriterien gemäß § 14 Abs. 4 UStG führt zur Versagung des Vorsteuerabzuges auf der Seite des Leistungsempfängers. Dennoch schuldet der Aussteller der Rechnung die ausgewiesene Umsatzsteuer. Es ist der strenge Belegnachweis erforderlich.

Kann ein Vorsteuerabzug nicht geltend gemacht werden, so teilt die nicht abzugsfähige Vorsteuer das Schicksal der Hauptleistung und wird daher beispielsweise als Aufwand, Vorräte oder Anlagevermögen gebucht.

Beispiel:

Kauf Waren in Höhe von 11.900,00 Euro brutto. Die Rechnung ist nicht ordnungsgemäß.

5200	Aufwand Waren	11.900 Euro	an 3300	Verbindlichkeiten LuL	11.900,00 Euro

Auf der anderen Seite schuldet der Unternehmer die Umsatzsteuer, auch wenn die Rechnung nicht ordnungsgemäß ist:

1200	Forderungen	11.900,00 Euro	an 4400	Erlöse	10.000,00 Euro
			an 3806	USt 19 %	1.900,00 Euro

3.3.6.1 Folgen

Wird von der steuerlichen Außenprüfung der Vorsteuerabzug versagt, dann muss die daraus resultierende Nachzahlung gegenüber dem Finanzamt verzinst werden. Die Verzinsung wird erst nach 15 Monaten berechnet, §§ 233, 233a und 238 AO. Der Zinslauf endet spätestens vier Jahre nach seinem Beginn.

Die Zinsen betragen **0,5 % für jeden vollen Monat** des auf volle 50 Euro abgerundeten Steuerzahlungsbetrages. Bezogen auf einen vollen Monat „Inanspruchnahme" entsprechen die Zinsen einem **effektiven Zinssatz von etwas über 6 % pro Jahr.**

3.3.6.2 Heilung

Der vom Finanzamt versagte Vorsteuerabzug kann geheilt werden, sofern die nachträgliche Erstellung einer i. S. v. § 14 Abs. 4 UStG korrekten Rechnung erfolgt. Die ursprüngliche Rechnung braucht jedoch nicht zurückgegeben werden.

Bei vervollständigter Rechnung war der Vorsteuerabzug bisher grundsätzlich erst im Veranlagungszeitraum der Vervollständigung möglich, d. h. im Jahr der Rechnungskorrektur. Damit verbleibt als Schaden die erhobenen Nachzahlungszinsen (§§ 233, 233a und 238 AO).

> *Hinweis:*
>
> Im Jahressteuergesetz 2020 wird klargestellt, dass die Berichtigung einer Rechnung um fehlende oder unzutreffende Angaben „kein rückwirkendes" Ereignis i. S. d. § 175 AO und § 233a Abs. 2a AO darstellt. Das Recht auf Vorsteuerabzug entsteht unabhängig von einer Rechnung. Die Rechnung sei lediglich Ausübungsvoraussetzung.
>
> Damit ist die Berichtigung des Vorsteuerabzugs demzufolge nur innerhalb der Grenzen der allgemeinen Änderungsvorschriften der AO möglich. Eine Rechnungskorrektur kann nur vorgenommen werden, wenn die Rechnung berichtigungsfähig bis zur mündlichen Verhandlung vor dem Finanzgericht ist, sofern gewisse Mindestangaben in der Rechnung (Rechnungsaussteller, Leistungsempfänger, Leistungsbeschreibung, Entgelt, gesondert ausgewiesene Umsatzsteuer) in der Rechnung enthalten sind.
>
> Die Finanzverwaltung erkennt die rückwirkende Rechnungsberichtigung insoweit an (BMF vom 28.09.2020 III C 2 – S 7286-a/19/10001:001, BStBl. I 2020 S. 976).

3.3.7 Berichtigung fehlerhafter Rechnungen

3.3.7.1 Allgemeines

Die Berichtigung einer Rechnung kann grundsätzlich nur durch den leistenden Unternehmer selbst erfolgen. Von einer inzwischen erloschenen Gesellschaft kann keine berichtigte Rechnung mehr erhalten werden. Auch nicht vom früheren Geschäftsführer, denn dessen Organfunktion ist durch Löschung der Gesellschaft untergegangen.

Eine Berichtigung ist bei fast allen unrichtigen Angaben möglich. Eine Berichtigung scheidet aus bei inhaltlich falscher oder unzutreffend gesondert ausgewiesener Steuer aus.

Innenausbauspezialist Otto Mustermann
Straße XY Stadt XY (2)
Steuernummer Finanzamt XXXX
USt-Id.Nr. DE XXXXXXX (3)

An (1)
Karl Kunde
(USt-Id.Nr.) (13)
Strasse XY
XX Stadt

Rechnung Nr. XXX (5) — (4) 15.03.2020

2. Teilrechnung

Bereits berechnet 1. Teilrechnung	4.500,00	4.500,00
4-Fenster Bauabschnitt 2 (3)	4.200,00	3.150,00
Leistungen Bauabschnitt 3.1.1	3.600,00	3.600,00
laufende Position 3.1.3	4.300,00	4.300,00
kumulierte Bausumme netto	16.600,00	15.550,00
5 % Nachlass	–830,00	–777,50
Zwischensumme netto	15.770,00	14.772,50
5 % Erfüllungseinbehalt	–788,50	–738,63
kumulierte Bausumme netto nach Nachlass	14.981,50	14.033,88
1. Teilrechnung	–4.500,00	–4.500,00
Summe netto (8)	10.481,50	9.533,88
19 % MwSt (10) (11)	1.991,49	1.811,44 enthaltene USt
Rechnungsbetrag brutto	12.472,99	11.345,31 Zahlbetrag

Abbildung 7a: Beispiel Inhaltlich falsche Rechnung
(Quelle: Eigene Darstellung)

Ein Unternehmer sollte Rechnungen, die nicht die Anforderungen an eine ordnungsgemäße Rechnung erfüllen, stets berichtigen lassen.

> *Hinweis:*
>
> Rechnungen werden typischerweise korrigiert, indem die „alte" Rechnung storniert und eine neue Rechnung mit den korrigierten Daten und mit neuer Rechnungsnummer erstellt wird.

Alternativ besteht die Möglichkeit, eine Korrektur **durch Anschreiben** mit ergänzenden Rechnungsangaben und Bezug auf die ursprüngliche Rechnung vorzunehmen. Dieses Schreiben gilt dann als Anhang zur Rechnung und unterliegt der Archivierungspflicht (Abbildung 8).

Beispielformulierung für Rechnungsergänzung:

Mustermann GmbH
Musterstrasse 15
99999 Musterstadt
USt.-Id.Nr. DE 123456789

An
XY Kunde
Strasse 13
47111 Stadt

15.03.20XX

Rechnungsergänzung

Mit Bezug auf Rechnung Nr. 123 vom 15.02.20XX nehmen wir folgende Ergänzung vor:

Die Lieferung erfolgte in 02-20XX.

Abbildung 8: Beispiel für Rechnungsergänzung
(Quelle: Eigene Darstellung)

Weiterhin sind jedoch **unrichtige von unberechtigten Steuerbeträgen**:

§ 14c UStG beruht auf den gemeinschaftsrechtlichen Vorgaben des Art. 203 MwStSystRL. Danach wird die Mehrwertsteuer von jeder Person geschuldet, die diese Steuer in einer Rechnung ausweist. Dabei ist zu unterscheiden, ob es sich um unrichtigen (§ 14c Abs. 1 UStG) oder unberechtigten (§ 14c Abs. 2 UStG) Steuerausweis handelt.

3.3.7.2 Unrichtiger Steuerausweis (§ 14c Abs. 1 UStG)

§ 14c Abs. 1 UStG betrifft nur Unternehmer, die auch persönlich zum gesonderten Ausweis der USt in einer Rechnung berechtigt sind. Der Unternehmer hat eine Leistung ausgeführt, sich aber bei der dem gesondert ausgewiesenen Steuerbetrag geirrt.

Typische Fälle sind:

- Falscher Steuersatz (zum Beispiel 19 % statt 7 %)
- Rechenfehler
- Irrtum über den Ort der Leistung
- Irrtum über die Steuerbefreiung
- Nicht-Erkennen von § 13b UStG

Rechtsfolgen

Die ausgewiesene (bei zu hoher Steuer) bzw. die gesetzlich geschuldete Umsatzsteuer (bei zu geringer Steuer) wird vom leistenden Unternehmer geschuldet (§ 13a Abs. 1 Nr. 1 UStG) und entsteht mit Ausgabe der Rechnung (§ 13 Abs. 1 Nr. 3 UStG). Die Rechtsfolgen treten unabhängig davon ein, ob die Rechnung alle in § 14 Abs. 4 und § 14a UStG aufgeführten Angaben enthält (Abschn. 14c.1 Abs. 1 Satz 2 UStAE; BFH vom 17.02.2011 – V R 39/09, BStBl. II 2011 S. 734).

Der Rechnungsempfänger hat, soweit ein zu hoher Umsatzsteuerbetrag ausgewiesen wurde, keinen Vorsteuerabzug (Abschn. 15.2 Satz 2 UStAE). Nach § 15 Abs. 1 Satz 1 Nr. 1 UStG kommt ein Vorsteuerabzug nur insoweit in Betracht, als die USt für die Leistung gesetzlich geschuldet wird. Hat der Leistungsempfänger entgegen § 15 Abs. 1 Satz 1 Nr. 1 UStG einen höheren Betrag als die für die Lieferung oder sonstige Leistung gesetzlich geschuldete Steuer als Vorsteuer geltend gemacht, hat er den Mehrbetrag an das Finanzamt zurückzuzahlen. Die Rückzahlung ist für den Besteuerungszeitraum vorzunehmen, für den der Mehrbetrag als Vorsteuer abgezogen wurde (Abschn. 14c.1 Abs. 10 UStAE).

Beispiel:

Rechnung Januar 2021 über 1.000 Euro wird fälschlicherweise mit 19 % USt statt mit 16 % USt ausgewiesen.

Lösung:

Der Leistungsempfänger kann nur den kleineren Vorsteuerbetrag von 16 % geltend machen, der Leistende Unternehmer schuldet hingegen den falschen und höheren Umsatzsteuerbetrag von 19 %.

Beispiel:

Rechnung Januar 2021 von 1.000 Euro wird fälschlicherweise mit 16 % USt statt mit 19 % USt ausgewiesen.

Lösung:

Der Leistungsempfänger kann nur den kleineren Vorsteuerbetrag von 16 % geltend machen, der Leistende Unternehmer schuldet hingegen den „richtigen" und höheren Umsatzsteuerbetrag von 19 %.

Berichtigung

Die Berichtigung eines unrichtigen Steuerausweises erfolgt durch die Zusendung einer korrigierten Rechnung an den Abrechnungsempfänger.

Die Berichtigung eines geschuldeten Mehrbetrags ist für den Besteuerungszeitraum vorzunehmen, in welchem dem Leistungsempfänger die berichtigte Rechnung erteilt wurde. Eine aufgrund des zu hohen Steuerausweises entstandene Umsatzsteuerschuld besteht bis zur Berichtigung des Steuerbetrags und ist – soweit diese nicht abgeführt wurde – gem. § 233a AO zu verzinsen.

Wurde ein zu hoch ausgewiesener Rechnungsbetrag bereits vereinnahmt und steht dem Leistungsempfänger aus der Rechnungsberichtigung ein Rückforderungsanspruch zu, ist die Berichtigung des geschuldeten Mehrbetrags erst nach einer entsprechenden Rückzahlung an den Leistungsempfänger zulässig.

Vor dem Hintergrund eines bereits vereinnahmten zu hoch ausgewiesenen Steuerbetrags ist zu unterscheiden, ob sich aus einem zu hoch ausgewiesenen Steuerbetrag ein Rückforderungsanspruch für den Leistungsempfänger ergibt oder nicht. Bei einer Bruttopreisvereinbarung hat der Leitungsempfänger regelmäßig keinen Rückforderungsanspruch. In diesen Fällen ist die Rechnungsberichtigung auch ohne eine Rückgewähr des Entgelts anzuerkennen.

Bei einer **Nettopreisvereinbarung** kann sich ein Rückzahlungsanspruch ergeben, sodass die Berichtigung erst vorgenommen werden kann, wenn die Rückzahlung erfolgt ist.

Merke:

Eine wirksame Berichtigung einer unrichtigen Rechnung i. S. d. § 14c Abs. 1 Satz 2, § 17 Abs. 1 UStG erfordert grundsätzlich, dass der Unternehmer die vereinnahmte Umsatzsteuer an den Leistungsempfänger zurückgezahlt hat (vgl. BFH vom 16.05.2018 – XI R 28/16, BFH/NV 2018 S. 1048).

3.3.7.3 Unrichtiger Steuerausweis (§ 14c Abs. 2 UStG)

Weist eine Person, die nicht zur Ausstellung von Rechnungen befugt ist, in einer Rechnung USt gesondert aus, liegt ein Fall des § 14c Abs. 2 UStG (unberechtigter Steuerausweis) vor.

Typische Fälle sind:

- Kleinunternehmer
- Nichtunternehmer
- Schein- oder Gefälligkeitsrechnungen

Rechtsfolgen

Die ausgewiesene Umsatzsteuer wird vom Aussteller der Rechnung geschuldet (§ 13a Abs. 1 Nr. 4 UStG). Die Steuer entsteht mit Ausgabe der Rechnung (§ 13 Abs. 1 Nr. 3 UStG).

Der Rechnungsempfänger hat **keinen** Vorsteuerabzug (Abschn. 15.2 Satz 2 UStAE).

Berichtigung

Zunächst muss der Rechnungsaussteller den unberechtigten Steuerausweis gegenüber dem Rechnungsempfänger für ungültig erklären (Abschn. 14c.2 Abs. 3 Satz 1 UStAE). Anschließend muss der Rechnungsaussteller die Berichtigung des geschuldeten Steuerbetrages bei seinem eigenen Finanzamt schriftlich *beantragen,* um eine Zustimmung einzuholen die Berichtigung durchführen zu dürfen. Dem Antrag sind ausreichende Angaben über die Identität des Rechnungsempfängers beizufügen (§ 14c Abs. 2 Satz 5 UStG, Abschn. 14c.2 Abs. 5 Satz 1 und 2 UStAE).

Die Zustimmung des Finanzamtes zur Rechnungskorrektur darf nur erteilt werden, wenn die Gefährdung des Steueraufkommens beseitigt ist. Eine Gefährdung des Steueraufkommens liegt nicht vor, wenn ein Vorsteuerabzug beim Empfänger der Rechnung nicht durchgeführt oder die geltend gemachte Vorsteuer an das Finanzamt zurückgezahlt worden ist. Die erforderliche Zustimmung ist nicht von einer Rückzahlung eines vereinnahmten Betrags durch den Steuerschuldner an den Belegempfänger abhängig.

Die Berichtigung des geschuldeten Steuerbetrags ist in entsprechender Anwendung des § 17 Abs. 1 UStG für den Besteuerungszeitraum vorzunehmen, in dem die Gefährdung des Steueraufkommens beseitigt worden ist. Wurde beim Empfänger der Rechnung kein Vorsteuerabzug vorgenommen, ist der wegen unberechtigten Steuerausweises geschuldete Betrag beim Aussteller der Rechnung für den Zeitraum zu berichtigen, in dem die Steuer entstanden ist (§ 14c Abs. 2 Satz 5 UStG, Abschn. 14c.2 Abs. 5 Satz 4 ff. UStAE). Das heißt, in diesem Fall (Rechnungsempfänger hat keinen Vorsteuerabzug geltend gemacht) erfolgt keine Verzinsung nach § 233a AO des ausgewiesenen Umsatzsteuerbetrags.

3.3.8 Dauerschuldverhältnissen

Vorsteuerabzug ist bei auch Dauerschuldverhältnissen nur zulässig, wenn eine Rechnung gemäß § 14 Abs. 4 UStG vorliegt. Dabei sind die Rechtsänderungen auf Altverträge nicht vollständig anzuwenden.

Folgende Angaben sind zu beachten:

Die Angaben zum leistenden Unternehmer und Leistungsempfänger sind verpflichtend, § 31 UStDV möglich.

Steuernummer oder USt-IdNr. des Leistenden Unternehmers sind bei Vertragsabschluss bis zum 31. 12. 2003 nicht notwendig (BMF-Schreiben 29.01.2004 Rz. 40). Hingegen sind die Daten bei Vertragsabschluss ab 01.01.2004 zwingend erforderlich.

Fortlaufende Rechnungsnummer ist mit Vertragsabschluss bis zum 31. 12. 2003 nicht notwendig (BMF-Schreiben 29.01.2004 Rz. 43). Hingegen sind die Daten bei Vertragsabschluss ab 01.01.2004 zwingend erforderlich. Es reicht aus, wenn der Vertrag eine einmalige Nummer enthält, zum Beispiel Wohnungsnummer, Objektnummer.

Der Zeitpunkt der Leistung ist bei Vertragsabschluss bis zum 31. 12. 2003 nicht notwendig (BMF-Schreiben 29.01.2004 Rz. 47). Die Daten sind bei Vertragsabschluss ab 01.01.2004 erforderlich. Der Leistungszeitpunkt/Leitungsabschnitt muss sich aus dem Vertrag ergeben; einzelne Leistungsabschnitte können sich aus dem Überweisungsträger ergeben.

Maßgebend ist hier die abgegrenzte Teilleistung, das ist in der Regel der Kalendermonat, zum Beispiel bei der Miete, Leasing usw. Diese Angabe unterbleibt oft, weil mit Dauerauftrag bezahlt wird. Es genügt, wenn im Vertrag das Entgelt für die einzelne Teilleistung sowie der Umsatzsteuerbetrag benannt sind und in ergänzenden Belegen die jeweiligen Teilleistungszeiträume angegeben sind.

Solche ergänzenden Belege können die Überweisungsträger sein, deren Informationen aus dem Kontoauszug übernommen werden. Vorsicht also bei Daueraufträgen (OFD Hannover vom 02.05.2002, S 7280 – 142 – StH 542/S 7280 – 73 – StO 354 DStR 2002 S. 1222).

Auch die monatliche Erteilung einer Gutschrift zum Beispiel an den Vermieter ist ein ergänzender Beleg. Die Erteilung einer Gutschrift ist vorher zu vereinbaren, sonst ist diese unwirksam (§ 14 Abs. 2 UStG).

Die Angabe des Nettobetrages, des Steuersatzes in %, des Steuerbetrages sind jeweils gesondert notwendig (Ausnahme: Kleinbetragsrechnungen bis 250 Euro).

Deshalb sollten Altverträge ggf. angeglichen werden. Die Angaben können sich auch aus dem Zahlungsbeleg/Überweisungsträger ergeben.

3.3.9 Aufbewahrung/Archivierung

Handelsrechtlich sind Änderungen zu den Aufbewahrungsfristen in § 257 Abs. 1 i. V. m. Abs. 4 HGB zu berücksichtigen. In der Summe wirken sich die Änderungen jedoch nur für die Buchungsbelege (§ 257 Abs. 1 Nr. 4 HGB) aus. Die Neufassung des § 257 Abs. 4 HGB umfasst folgende Aufbewahrungsfristen (siehe Tabelle 13).

Tabelle 13: Aufbewahrungsfristen

Frist	Änderung	Art der Unterlagen	Norm
10 Jahre	Keine Änderung	Handelsbücher, Inventare, Eröffnungsbilanzen, Jahresabschlüsse, Einzelabschlüsse, Lageberichte, Konzernabschlüsse, Konzernlageberichte sowie zu deren Verständnis erforderliche Arbeitsanweisungen und Organisationsunterlagen	§ 257 Abs. 1 Nr. 1 i. V. m. Abs. 4 HGB
8 Jahre (7 Jahre ab 2015)	Änderung	Buchungsbelege	§ 257 Abs. 1 Nr. 4 i. V. m. § Abs. 4 HGB
6 Jahre	Keine Änderung	Sonstige Unterlagen wie zum Beispiel empfangene und abgesandte Handelsbriefe	§ 257 Abs. 1 Nr. 2, 3 i. V. m. Abs. 4 HGB

Reproduktion digitaler Daten

Bitte beachten Sie bei Aufbewahrung der Unterlagen in der Form einer Wiedergabe auf einem Bildträger oder auf anderen Datenträgern die Verpflichtung, auf eigene Kosten diejenigen Hilfsmittel zur Verfügung zu stellen, die erforderlich sind, um die Unterlagen lesbar zu machen.

Die Finanzbehörde kann verlangen, die Unterlagen auf Kosten des Steuerpflichtigen unverzüglich ganz oder teilweise auszudrucken oder ohne Hilfsmittel lesbare Reproduktionen beizubringen.

Digitaler Datenzugriff der Finanzbehörde

Die Finanzbehörde hat im Rahmen der Außenprüfung das Recht, Einsicht in die gespeicherten Daten zu nehmen und das Datenverarbeitungssystem zur Prüfung dieser Unterlagen zu nutzen. Sie darf ebenso verlangen, dass die Daten maschinell ausgewertet werden oder die gespeicherten Unterlagen und Aufzeichnungen auf einem maschinell verwertbaren Datenträger zur Verfügung gestellt werden. Die Kosten auch hierfür hat der Steuerpflichtige zu tragen.

> *Hinweis:*
>
> Gescannte Originalrechnungen können vernichtet werden, wenn die Originale auf digitalen Datenträgern archiviert werden und dem Scanvorgang eine genaue Organisationsanweisung zugrunde liegt. Das entstandene digitale Dokument ist mit einem unveränderbaren Index zu versehen. Daneben muss hard- und softwaremäßig sichergestellt sein, dass das Scan-Ergebnis unveränderbar ist.

Die Archivierung von elektronischen Rechnungen hat nach den GoBD (BMF vom 14.11.2014 und vom 28.11.2019) in dem originären Format zu erfolgen, in dem die Rechnungen ausgestellt und empfangen wurden. Deshalb ist kein Medienbruch, d.h. ein Ausdruck auf Papier und dessen Archivierung zulässig. Auch eine Archivierung in ein anderes Format, zum Beispiel nach einer Konvertierung wäre nicht ausreichend. Die elektronische Rechnung muss stets im Originalformat archiviert werden (samt der beigefügten E-Mail, sofern diese nicht nur Transportcharakter hat).

Zudem muss eine **Verfahrensdokumentation** vorliegen, die auch von der Betriebsprüfung eingesehen werden darf. Eine Musterdokumentation ist unter *www.bstbk.de* zu finden. Ein Verstoß gegen die Archivierungspflicht kann mit einem Bußgeld von bis zu 5.000,00 Euro geahndet werden. Zu beachten ist, dass auch der Vorsteuerabzug aus einer nicht ordnungsgemäß archivierten Rechnung versagt werden kann. Der Unternehmer muss nachweisen können, dass ihm die Originalrechnung ursprünglich vorgelegen hat. Probleme ergeben sich daher insbesondere, wenn der leistende Unternehmer den Umsatz nicht mehr bestätigen kann.

3.3.10 Verjährung

Der Anspruch des Leistungsempfängers auf Erteilung einer Rechnung nach den Kriterien des UStG verjährte früher in 30 Jahren! Die Verjährung erfolgt aktuell schon in **3 Jahren** (§ 195 BGB). Nach solch kurzer Zeit geht der Vorsteuerabzug inzwischen endgültig verloren. Zu beachten ist, dass Mahnungen in der Regel keine Auswirkungen auf die Verjährung haben, Ratenzahlungen und Mahnbescheide hingegen schon.

> *Hinweis:*
>
> Wird gegenüber einer Privatperson oder Unternehmer für den Privatbereich über Werklieferungen oder sonstige Leistungen abgerechnet, die im Zusammenhang mit einem Grundstück stehen, hat die Rechnung einen Hinweis auf die Aufbewahrungsfrist für den Kunden zu enthalten. Dieser Hinweis ist entbehrlich, soweit die Steuerschuld auf den Kunden als Bauleister übergeht. Das Gleiche gilt, wenn es sich bei der Rechnung um sog. Kleinbetragsrechnungen handelt.

3.3.11 Übung ordnungsgemäßer Rechnungen

Übung: Liegen bei den folgenden Fällen Sachverhalte vor, die zum Vorsteuerabzug berechtigen (siehe Tabelle 14)?

Tabelle 14: Beispiele zur Vorsteuerabzugsberechtigung

Beschreibung	Ja	Nein
Postfach-Adresse des Leistungsempfängers	X	
Leistung: „Allgemeine Beratung"		X (zu ungenau)
Das Lieferdatum entspricht dem Datum des Lieferscheins.	X (Lieferschein gehört zur Rechnung)	
Statt VAT-Nr. des Lieferanten aus dem EU-Land ist die Steuernummer des Lieferanten aufgeführt.		X (2x IdNr sind notwendig)
Lieferung Art. 123489505 (10 Stück)	X (wenn Inhalt klar erkennbar)	
Leistung „Reinigung pauschal"		X (zu ungenau)
Bankdetails (SEPA) fehlen	X	
Leistung Reparaturleistung laut Vertrag Nr. 5556	X (Vertrag gehört zur Rg)	
Hotelrechnung lautet auf Mitarbeiter M. Meier		X (Adressat muss Firma sein)

3.4 Anzahlungen

3.4.1 Allgemeines

Anzahlung bedeutet Zahlung vor Lieferung oder Leistung.

Es gelten die gleichen Voraussetzungen für die ordnungsgemäße Rechnung, auch wenn die Leistung noch nicht erbracht ist. Jedoch sollte aus der Rechnung erkennbar sein, dass es sich um eine Vorauszahlung handelt.

Typische Überschriften für so genannte Anzahlungsrechnungen sind:

- Anzahlung
- Vorauskasse (= 100 % Anzahlung)
- Teilrechnung
- Abschlagsrechnung
- 1. Rechnung

- Zahlungsavis
- Pro-forma-Rechnung (≙ Bestellbestätigung)

Gegenstände der Lieferung und Art der Leistung müssen zum Zahlungszeitpunkt genau bestimmt sein, zudem ist die voraussichtliche Lieferzeit bzw. der Zeitraum anzugeben.

Ist der Leistungszeitpunkt noch nicht vereinbart, ist dies auf der Rechnung zu vermerken bzw. eine Anmerkung entbehrlich.

Die Voraus- oder Anzahlungsrechnungen sind in der Endrechnung durch folgende Angaben abzusetzen:

- Nettobetrag der Voraus- oder Anzahlung,
- darauf entfallende Umsatzsteuer,
- vom Kunden nach Anrechnung der Voraus- oder Anzahlung noch geschuldeter Netto-, Restumsatzsteuer-Betrag.

Sind mehrere Voraus- oder Anzahlungsrechnungen geleistet worden, ist es ausreichend, wenn der Gesamtbetrag aufgeteilt in Entgelt und Steuerbeträge abgesetzt wird. Es ist ebenso ausreichend, wenn lediglich der Gesamtbetrag abgesetzt wird und der darin enthaltene Steuerbetrag zusätzlich angegeben wird. In diesen Fällen braucht der auf das verbleibende Entgelt der Schlussrechnung entfallende Steuerbetrag nicht noch einmal angeben werden. Sofern eine derartige Absetzung der Voraus- oder Anzahlungsrechnungen nicht erfolgt, schuldet der Unternehmer die in der Endrechnung ausgewiesene Umsatzsteuer erneut in voller Höhe. Der Unternehmer kann aber auch in einer Endrechnung lediglich über den noch offenen Betrag abrechnen (Restrechnung).

Die Anzahlungen müssen auf jeden Fall einzeln geprüft werden. Dadurch können auch vergessene Umbuchungen noch vorgenommen werden, obwohl die Endrechnung bereits vorliegt.

3.4.2 Rechnung

Bei Anzahlungsrechnungen besteht das Risiko einer teuren Additionsfalle. Das folgende Beispiel dient der Verdeutlichung.

Beispiel:
Im laufenden Jahr wurden folgende Abschlagsrechnungen gestellt:

1. Abschlagszahlungsanforderung

Nettoanforderungsbetrag	100.000,00 Euro
19 % Umsatzsteuer	19.000,00 Euro
Bruttoanforderungsbetrag	119.000,00 Euro

2. Abschlagszahlungsanforderung

Nettoanforderungsbetrag	100.000,00 Euro
19 % Umsatzsteuer	19.000,00 Euro
Bruttoanforderungsbetrag	119.000,00 Euro

Schließlich folgte die Schlussrechnung:

Endabrechnung

Entgelt	500.000,00 Euro	
zzgl. 19 % USt	95.000,00 Euro	
Bruttobetrag	595.000,00 Euro	
abzgl. 1. + 2. Abschlagszahlungsanforderung	– 238.000,00 Euro	Falsch
Restbetrag	**357.000,00 Euro**	

Da die beiden Abschlagszahlungsanforderungen „brutto" dargestellt sind, ohne dass die bereits vereinnahmte Umsatzsteuer von 38.000,00 Euro separat ausgewiesen wird, muss die Umsatzsteuer vom Leistenden doppelt erhoben werden. Richtigerweise würde die Endrechnung wie folgt (vereinfacht) lauten:

Endabrechnung

Entgelt	500.000,00 Euro	
zzgl. 19 % USt	95.000,00 Euro	
Bruttobetrag	595.000,00 Euro	
abzgl. 1. + 2. Abschlagszahlungsanforderung		
Nettoanforderungsbeträge	– 200.000,00 Euro	
19 % Umsatzsteuer	**– 38.000,00 Euro**	Richtig
Bruttoanforderungsbetrag	**357.000,00 Euro**	

3.4.3 Buchung erhaltener Anzahlungen

Nehmen wir folgenden Fall: Die Anzahlungsrechnung lautet auf 11.900,00 Euro inkl. USt. Die Rechnung ist ordnungsgemäß ausgestellt. Die Zahlung erfolgt über das betriebliche Bankkonto. Die Schlussrechnung erfolgt einen Monat später und lautet auf 35.700,00 Euro brutto.

> *Hinweis:*
> Bereits bei erhaltener Anzahlung entsteht Umsatzsteuer, daher ist mit Bankgutschrift die Umsatzsteuer gleichzeitig zu buchen.

Lösung: (Nettomethode)

Nach der **Nettomethode** ergeben sich folgende Buchungen:

Die Anzahlung wird angefordert: Noch keine Buchung.

Die Anzahlung geht auf dem Bankkonto ein:

1800	Bank	11.900,00 Euro	an 3250	erhaltene Anzahlungen	10.000,00 Euro
			an 3806	Umsatzsteuer	1.900,00 Euro

Buchung bei Erstellung der Endrechnung:

10002	Debitor	35.700,00 Euro	an 4400	Erlöse	30.000,00 Euro
			an 3806	Umsatzsteuer	5.700,00 Euro
3250	Erhaltene Anzahlungen	10.000,00 Euro	an 10002	Debitor	11.900,00 Euro
3806	Umsatzsteuer	1.900,00 Euro			

In der Praxis kommt es immer wieder vor, dass nicht auf das Konto „Erhaltene Anzahlung" gebucht wird, sondern direkt auf das Debitorenkonto.

Je nach Buchungsverhalten kann alternativ auch nach der Bruttomethode vorgegangen werden.

Lösung: (Bruttomethode)

Die Anzahlung wird angefordert:

29998	Debitor Anzahlung	11.900,00 Euro	an 29999	Debitoren-Gegenkonto	11.900,00 Euro

Die Anzahlung geht auf dem Bankkonto ein:

1800	Bank	11.900,00 Euro	an 3250	erhaltene Anzahlungen	10.000,00 Euro
			an 3806	Umsatzsteuer	1.900,00 Euro
29999	Debitoren-Gegenkonto	11.900,00 Euro	an 29998	Debitor Anzahlung	11.900,00 Euro
39999	Debitoren-Gegenkonto	11.900,00 Euro	an 39998	Debitor erhaltene Anzahlung	11.900,00 Euro

Buchung bei Erstellung der Endrechnung:

10002	Debitor	35.700,00 Euro	an 4400	Erlöse	30.000,00 Euro
			an 3806	Umsatzsteuer	5.700,00 Euro
3250	Erhaltene Anzahlungen	10.000,00 Euro	an 10002	Debitor	11.900,00 Euro
3806	Umsatzsteuer	1.900,00 Euro			

39998	Debitor erhaltene Anzahlung	11.900,00 Euro	an 39999	Deb.-Gegenkonto	11.900,00 Euro

3.4.4 Buchung geleisteter Anzahlungen

Bei geleisteten Anzahlungen erfolgt die Buchung spiegelbildlich zu der Buchung der „Erhaltenen Anzahlungen“. Geleistete Anzahlung betreffen meist entweder das Anlagevermögen oder das Vorratsvermögen.

> *Hinweis:*
>
> Eine Abschreibung auf das entsprechende Anlagegut kann jedoch erst vorgenommen werden, wenn der Gegenstand betriebsbereit ist.

Bei Geleisteten Anzahlungen ist ein Vorsteuerabzug bereits bei Zahlung zulässig, also vor empfangener Leistung, jedoch ist eine ordnungsgemäße Rechnung Voraussetzung.

> *Hinweis:*
>
> Pro-forma-Rechnungen, die regelmäßig im Zusammenhang mit Anzahlungen ausgestellt werden, gelten nicht als Original, so dass es ratsam ist, den Vorsteuerabzug erst mit der Schlussrechnung geltend zu machen.

Beispiel:

Die Anzahlungsrechnung lautet auf 11.900,00 Euro inkl. USt. Die Rechnung ist ordnungsgemäß ausgestellt. Die Zahlung erfolgt über das betriebliche Bankkonto. Die Schlussrechnung erfolgt einen Monat später und lautet auf 35.700,00 Euro brutto.

Lösung:

Nach der Nettomethode ergibt sich folgender Buchungsverlauf:

Die Anzahlung wird angefordert: Noch keine Buchung.

Die Anzahlung geht vom Bankkonto ab:

1180	geleistete Anzahlung auf Vorräte	10.000,00 Euro	an 1800	Bank	11.900,00 Euro
1406	abziehbare Vorsteuer	1.900,00 Euro			

Buchung bei Erhalt der Endrechnung:

5400	Wareneinkauf	30.000,00 Euro	an 70001	Kreditor	35.700,00 Euro
1406	abziehbare Vorsteuer	5.700,00 Euro			
70001	Kreditor	11.900,00 Euro	an 1180	geleistete Anzahlung auf Vorräte	10.000,00 Euro
			an 1406	abziehbare Vorsteuer	1.900,00 Euro

Die Anzahlung wird zunächst auf das Konto „Geleistete Anzahlungen", ein Konto auf der Aktivseite der Bilanz gebucht. Wenn die Schlussrechnung gestellt ist, wird die Anzahlung mit dem Kreditor verrechnet. In der Praxis ist es gängig, bereits die Anzahlung auf das Kreditorenkonto im Soll zu buchen.

Merke:
- Vorsteuer aus Schlussrechnung ist bei Rechnungserhalt (unabhängig von der Zahlung) zulässig.
- Die vor Ausführung der Leistung erhaltenden Zahlungen sowie die darauf entfallende Umsatzsteuer sind klar abzusetzen.
- Der Leistungsempfänger hat den Vorsteuerabzug nur für den Teil des in der Schlussrechnung ausgewiesenen Steuerbetrags (aus der Restschuld).

3.4.5 Maßgebender Steuersatz

Durch die Steuersatzänderung für den Zeitraum 01.07.2020 bis 31.12.2020 ergeben sich folgende Regelungen für den Ausweis des Steuersatzes von Anzahlungen (Tabelle 15).

Tabelle 15: Steuerausweis von Anzahlungen

(Teil-)Leistung erbracht	Anzahlung	Steuersatz
Bis 30.06.2020	Anzahlungen bis 30.06.2020	19 % bzw. 7 %
01.07.2020 bis 31.12.2020	Anzahlung ab 01.07.2020 bis 31.12.2020	16 % bzw. 5 %
Ab 01.01.2021	Anzahlungen ab 01.01.2021	19 % bzw. 7 %
01.07.2020 bis 31.12.2020	Anzahlungen ganz oder teilweise bis 30.06.2020 geflossen.	Anzahlungen: 19 % bzw. 7 %; Leistung jedoch mit 16 % bzw. 5 % (= Entlastung mit 3 % bzw. 2 %). Alternativ sind Anzahlungen für Leistungen ab 01.07.2020 mit 16 % bzw. 5 % möglich.
Ab 01.01.2021	Anzahlungen ganz oder teilweise zwischen 01.07.2020 und dem 31.12.2020 geflossen.	Anzahlung mit 16 % bzw. 5 %; Leistung jedoch mit 19 % bzw. 7 % (= Nachversteuerung mit 3 % bzw. 2 %). Alternativ sind Anzahlungen für Leistungen ab 01.01.2021 mit 19 % bzw. 7 % möglich.

Der Steuersatz der Anzahlung richtet sich nach dem Zeitpunkt der Ausführung der Leistung. Dies hat zur Folge, dass durch die Anzahlungsrechnung kein Steuersatz „gesichert" werden kann.

Wird die Anzahlungsrechnung mit dem vermeintlich „falschen" Steuersatz gestellt, ist diese entweder zu korrigieren (samt Rücküberweisung vom Differenzbetrag) oder – so erlaubt es die Finanzverwaltung in ihrem BMF Schreiben vom 30.06.2020 – eine Korrektur hat mit Hilfe der Schlussrechnung zu erfolgen.

Beispiel:

Abschlagszahlungsanforderung Dezember 2020

Nettoanforderungsbetrag	20.000,00 Euro
16 % Umsatzsteuer	3.200,00 Euro
Bruttoanforderungsbetrag	23.200,00 Euro

Endabrechnung bei Lieferung im Januar 2021

Entgelt	50.000,00 Euro
zzgl. 19 % USt	9.500,00 Euro
Bruttobetrag	59.500,00 Euro
Abschlagszahlung Dezember 2020	20.000,00 Euro
16 % Umsatzsteuer	**3.200,00 Euro**
Restbetrag	36.300,00 Euro

Merke:

Die Anzahlung sichert nicht den Steuersatz!

3.5 Umsatzsteuer-Vorauszahlungen

3.5.1 Umsatzsteuer-Voranmeldungs-Verfahren

Der Unternehmer hat nach Ablauf eines Kalenderjahres die endgültige Zahllast bzw. Erstattung selbst zu errechnen und in Form einer Jahressteueranmeldung (Jahressteuererklärung) an das Finanzamt zu übermitteln. Darüber hinaus muss er Umsatzsteuer-Voranmeldungen abgeben und Umsatzsteuer-Vorauszahlungen leisten. Die Vorauszahlungen hat der Unternehmer nach Ablauf eines bestimmten Zeitraums zu errechnen, anzumelden und abzuführen.

3.5.1.1 Berechnung

Die Berechnung erfolgt nach folgendem Schema:

	Summe aller im VZ entstandenen Ausgangs-Umsatzsteuern
./.	Summe aller im VZ angefallenen abziehbaren und abzugsfähigen Vorsteuern
=	Zahllast/Überschuss

3.5.1.2 Voranmeldungszeitraum

Abgabeturnus der Umsatzsteuervoranmeldungen:

- monatliche UStVA, wenn Vorjahressteuer > 7.500,00 Euro;
- vierteljährliche UStVA, wenn Vorjahressteuer < 7.500,00 Euro;
- nur Jahressteuererklärung, wenn Vorjahressteuer < 1.000,00 Euro, und nur auf Antrag.

Die UStVA ist zum 10. des Folgemonats abzugeben. Hierin ist die Steuer selbst zu berechnen und zu entrichten.

Auf Antrag wird **Dauer-Fristverlängerung** um einen Monat gewährt. Dieser Antrag ist sehr zweckmäßig, weshalb von dieser Möglichkeit in der Praxis regelmäßig Gebrauch gemacht wird.

Nur bei monatlichen UStVA ist für die Gewährung der Dauerfristverlängerung die Leistung einer Kaution (Sondervorauszahlung) notwendig. Sie beträgt 1/11 des Vorjahresvoranmeldungsbetrages (Zahllast) und wird mit der Dezembervoranmeldung wiedererstattet.

Bei häufiger Fristversäumnis wird die Fristverlängerung wieder entzogen.

Unternehmensgründer (§ 18 Abs. 2 Satz 4 UStG):

Unternehmensgründer müssen im Gründungsjahr und dem Folgejahr grundsätzlich **monatliche UStVA** einreichen.

Durch das **Bürokratieentlastungsgesetz III** wurde zugunsten der Gründer eine zeitlich befristete Anwendung des § 18 Abs. 2 Satz 4 UStG über einen neuen § 18 Abs. 2 Satz 6 UStG ausgesetzt, wenn die im konkreten Fall zu entrichtende Umsatzsteuer voraussichtlich 7.500 Euro nicht überschreitet. Hierzu ist in den Fällen, in denen der Unternehmer seine Tätigkeit nur in einem Teil des vorangegangenen Kalenderjahres ausgeübt hat, die tatsächliche Steuer in eine Jahressteuer umzurechnen und in den Fällen, in denen der Unternehmer seine Tätigkeit im laufenden Kalenderjahr aufnimmt, die voraussichtliche Steuer des laufenden Kalenderjahres maßgebend. Diese neue Regelung gilt für die **Besteuerungszeiträume 2021 bis 2026.**

3.5.1.3 Abgabefrist

Die Voranmeldung ist bis zum **10. Tag nach Ablauf des Voranmeldungszeitraums** abzugeben. Bei verspäteter Abgabe können von der Finanzverwaltung nach § 152 AO Verspätungszuschläge festgesetzt werden.

Grundsätzlich sind die Umsatzsteuer-Voranmeldungen auf elektronischem Wege zu übermitteln. Verfügt der Unternehmer jedoch nicht über die technischen Mittel, kann die Finanzverwaltung auch davon absehen. Sofern die Voranmeldung noch auf Papier abgegeben werden darf, ist es auch zulässig, die Voranmeldungen dem Finanzamt per Telefax zu übermitteln.

3.5.1.4 Zahlungsfrist

Die selbst angemeldete Steuerschuld wird grundsätzlich am 10. Tag nach Ablauf des entsprechenden Voranmeldungszeitraum fällig (§ 18 Abs. 1 Satz 4 UStG). Wird die Umsatzsteuer nicht bis zum Ablauf des Fälligkeitstags entrichtet, fallen grundsätzlich Säumniszuschläge nach § 240 Abs. 1 Satz 3 AO an.

Für die Bezahlung durch Überweisung oder Lastschrift gilt eine Schonfrist von drei Tagen. Somit wird die gesetzliche Frist für die Bezahlung der Umsatzsteuer-Vorauszahlung um diesen Zeitraum verlängert.

3.5.2 Entstehungszeitpunkt Umsatzsteuer

Für die Erfassung der entstandenen Umsatzsteuer im zutreffenden Voranmeldungszeitraum muss man den Entstehungszeitpunkt bestimmen können. Es gibt zwei Besteuerungsarten:

- Besteuerung nach vereinbarten Entgelten (Soll-Besteuerung)
- Besteuerung nach vereinnahmten Entgelten (Ist-Besteuerung)

3.5.2.1 Ist-Besteuerung

Bei der Ist-Besteuerung entsteht die Umsatzsteuer mit Ablauf des Voranmeldungszeitraums, in dem das Entgelt vereinnahmt, also zugeflossen ist (§ 13 Abs. 1 Nr. 1b UStG).

Die Ist-Besteuerung ist antragsgebunden und kann nur unter folgenden Voraussetzungen gestattet werden:

- Wenn der Gesamtumsatz nach § 19 Abs. 3 UStG beim Unternehmer im Vorjahr nicht mehr als 600.000,00 Euro betragen hat (§ 20 Abs. 1 Satz 1 Nr. 1 UStG)
  oder
- wenn der Unternehmer Freiberufler i. S. d. § 18 Abs. 1 Nr. 1 EStG ist (§ 20 Abs. 1 Satz 1 Nr. 3 UStG).

Beispiel:

Unternehmer Jan Kuhn liefert Ware im Dezember 01, sein Abnehmer erhält die Rechnung im Januar 02 und zahlt im Februar 02.

Lösung:

Die Umsatzsteuer entsteht mit Ablauf des Voranmeldungszeitraums der Vereinnahmung, also mit Ablauf des VZ Februar 02.

3.5.2.2 Soll-Besteuerung

Bei der Soll-Besteuerung entsteht die Umsatzsteuer mit Ablauf des Voranmeldungszeitraums, in dem die Leistung ausgeführt worden ist (§ 13 Abs. 1 Nr. 1 Buchst. a Satz 1 UStG). Dies ist bei der Lieferung der VZ, in dem die Verfügungsmacht verschafft und bei der sonstigen Leistung der VZ, in dem die sonstige Leistung vollständig ausgeführt worden ist.

Ausnahmen gibt es bei der Voraus-/Abschlagszahlung. Hier gilt das Prinzip der Ist-Besteuerung.

Beispiel:

Unternehmer Jan Kuhn liefert Ware im Dezember 01, sein Abnehmer erhält die Rechnung im Januar 02 und zahlt im Februar 02.

Lösung:

Die Umsatzsteuer entsteht mit Ablauf des VZ der Leistungsausführung, also mit Ablauf des VZ Dezember 01.

3.5.3 Entstehungszeitpunkt Vorsteuer

Der Vorsteuerabzug kann grundsätzlich für den Voranmeldungszeitraum vorgenommen werden, in welchem sowohl die steuerpflichtige Eingangsleistung erbracht wurde als auch die Rechnung vorliegt.

Wird eine Rechnung im Voraus erteilt (vorausgesetzt, es wurde noch keine An- oder Vorauszahlung geleistet) und die Eingangsleistung erst in einem nachfolgenden Voranmeldungszeitraum bewirkt, darf der Vorsteuerabzug erst für den Voranmeldungszeitraum vorgenommen werden in welchem die Eingangsleistung bewirkt worden ist.

Wird umgekehrt zunächst die Eingangsleistung bewirkt und die Rechnung in einem späteren Voranmeldungszeitraum erteilt, darf der Vorsteuerabzug erst für den Voranmeldungszeitraum vorgenommen werden, in dem die Rechnung erteilt worden ist.

Beispiel:

Unternehmer Franz bekommt im Dezember 01 Waren geliefert. Die Rechnung, welche bereits im Oktober 01 erteilt wurde, ist ordnungsgemäß. Franz hat die Zahlung im November 01 im Voraus geleistet.

Lösung:

Unternehme Franz kann die Vorsteuer bereits für den VZ November abziehen, da zu diesem Zeitpunkt die Rechnung vorliegt und die Zahlung geleistet ist.

3.5.4 Buchung der Umsatzsteuer-Vorauszahlung

Für die Buchung der Umsatzsteuer-Vorauszahlungen ist das Konto „Umsatzsteuervorauszahlungen" vorgesehen. Dieses ist ein Unterkonto des Umsatzsteuerkontos.

Beispiel:

Der Unternehmer Zeitig übermittelt seine Umsatzsteuer-Voranmeldung mit einer berechneten Vorauszahlung in Höhe von 635,00 Euro fristgerecht an das Finanzamt und überweist die Zahllast zeitgleich an die Finanzkasse vom Bankkonto.

Lösung:

3820	Umsatzsteuervorauszahlung	635,00 Euro	an	1800	Bank	635,00 Euro

3.5.5 Sondervorauszahlungen

Nach §46 UStDV ist eine Verlängerung der Abgabe- und Bezahlungsfrist um einen Monat auf Antrag möglich. Bei Unternehmern, die Voranmeldungen monatlich abzugeben haben, ist die Fristverlängerung unter der Auflage zu gewähren, dass sie eine Sondervorauszahlung auf die Steuer eines jeden Kalenderjahres entrichten. Diese beträgt 1/11 der Summe der Vorauszahlungen für das vorangegangene Kalenderjahr. Die Sondervorauszahlung hat der Unternehmer selbst zu berechnen und anzumelden. Der Antrag ist spätestens zu dem Zeitpunkt einzureichen, an dem die Voranmeldung, für die die Fristverlängerung erstmals gelten soll, abzugeben ist.

Nach Bewilligung der Fristverlängerung hat der Unternehmer die weiteren Sondervorauszahlungen für die folgenden Kalenderjahre jeweils bis zum gesetzlichen Zeitpunkt der Abgabe der Voranmeldung für Januar zu berechnen, anzumelden und zu entrichten (§48 Abs. 2 UStDV).

Die Sondervorauszahlung wird bei der Umsatzsteuer-Voranmeldung des letzten Voranmeldungszeitraums, also in der Regel in der Voranmeldung für Dezember, angerechnet und mindert dort die Zahllast.

Beispiel:

Unternehmer Jung beantragt beim Finanzamt Dauerfristverlängerung für die VZ Januar 02 ff. Die Summe der USt-Vorauszahlung des KJ 01 beträgt 10.000,00 Euro. Die Zahllast für die Voranmeldung Januar 02 beläuft sich auf 1.600,00 Euro. Die Zahllast für die Umsatzsteuervoranmeldungen Februar bis November 02 beträgt insgesamt 12.000,00 Euro, die Zahllast für die Voranmeldung Dezember 02 beläuft sich auf 2.500,00 Euro.

Lösung:

Unternehmer Jung hat bis zum 10.02.02 eine Sondervorauszahlung in Höhe von 1/11 der Summe der USt-Vorauszahlungen des KJ 01 zu entrichten.

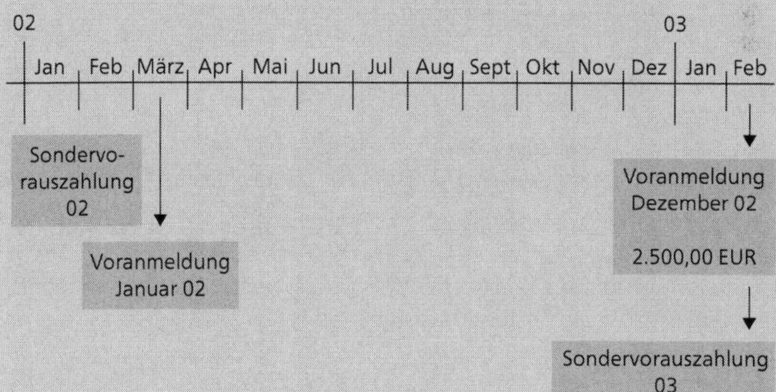

3.5.6 Kontenabschluss

Im Rahmen der Jahresabschlussvorbereitung müssen die Umsatzsteuerkonten abgeschlossen werden. Der Abschlusssaldo nach der Zusammenführung dieser Konten weist die verbleibende Umsatzsteuerschuld bzw. das Vorsteuerguthaben gegenüber dem Finanzamt aus.

Eine verbleibende Umsatzsteuerschuld wird in der Bilanz als sonstige Verbindlichkeit ausgewiesen und ein Vorsteuerüberhang als sonstige Forderung.

Für die Verbuchung gibt es zwei Vorgehensweisen:

- Bei einer Umsatzsteuerschuld: Zusammenfassung der Salden aller Umsatzsteuer-, Vorsteuer- und Vorauszahlungskonten auf dem Umsatzsteuerkonto

Beispiel:

Die Konten weisen folgenden Saldo auf:

Vorsteuer	481,00 Euro
Umsatzsteuer	877,00 Euro
USt-VZ	363,00 Euro

Lösung:

Umsatzsteuer	481,00 Euro	an Vorsteuer	481,00 Euro
Umsatzsteuer	363,00 Euro	an USt-VZ	363,00 Euro
Umsatzsteuer	33,00 Euro	an Sonstige Verbindlichkeiten	33,00 Euro

- Bei einem Vorsteuerüberhang: Zusammenfassung der Salden aller Umsatzsteuer-, Vorsteuer- und Vorauszahlungskonten auf dem Vorsteuerkonto

Beispiel:

Die Konten weisen folgenden Saldo auf:

Vorsteuer	877,00 Euro
Umsatzsteuer	632,00 Euro
USt-VZ	130,00 Euro

Lösung:

Umsatzsteuer	632,00 Euro	an Vorsteuer	632,00 Euro
Vorsteuer	130,00 Euro	an USt-VZ	130,00 Euro
Sonstige Forderungen	375,00 Euro	an Vorsteuer	375,00 Euro

- Zusammenfassung der Salden aller Umsatzsteuer-, Vorsteuer- und Vorauszahlungskonten auf einem Verrechnungskonto

Beispiel:

Die Konten weisen folgenden Saldo auf:

		Vorsteuer	481,00 Euro
		Umsatzsteuer	877,00 Euro
		USt-VZ	363,00 Euro

Lösung:

Umsatzsteuer	481,00 Euro	an Vorsteuer	481,00 Euro
Umsatzsteuer	363,00 Euro	an USt-VZ	363,00 Euro
Umsatzsteuer	33,00 Euro	an Sonstige Verbindlichkeiten	33,00 Euro

In der EDV kann der Abschluss der Umsatzsteuerkonten programmgesteuert erfolgen. Hier werden die Salden der Umsatzsteuer-, Vorsteuer- und Vorauszahlungskonten vom Buchführungsprogramm zusammengefasst.

4. Buchung von Einkäufen

4.1 Übersicht Einkauf

Bei der Buchung von Einkäufen sind Lieferungen von sonstigen Leistungen (Dienstleistungen) zu unterscheiden (vgl. Tabelle 16).

Tabelle 16: Beispiele zur Abgrenzung von Lieferungen und sonstigen Leistungen

Sachverhalt	Lieferung	Sonstige Leistung
Reparaturen an einer Maschine		X
Miete (z. B. Räumlichkeiten, Grundstück)		X
Verkauf von Obst und Gemüse	X	
Kauf von Druckerpapier	X	
Leasing (z. B. Auto, Kopierer etc.)	(X)	X
Maschinenbau	X (Werklieferung)	
Serviceleistung		X
Erstellung einer Steuererklärung		X
Kauf einer Software	X	X
Mitarbeiterschulung		X
Stromversorgung	X	

Bei Lieferungen basieren die Buchungen auf folgenden vier Fällen:

1) Grundfall
2) Einkauf aus dem EU-/EWR-Land (= innergemeinschaftlicher Erwerb)
3) Einkauf aus dem Drittland (Einfuhr unverzollt und unversteuert)
4) Reverse Charge nach § 13b UStG

Bei (Dienst-)Leistungen basieren die Buchungen auf folgenden zwei Fällen.

1) Grundfall
2) Reverse Charge nach § 13b UStG

Nun werden die vier Buchungsfälle näher erläutert.

4.2 Grundfall

Der Grundfall stellt meist einen Einkauf aus Deutschland dar. Bezüglich des Vorsteuerabzug gelten die zuvor gemachten Angaben. Voraussetzung für den Vorsteuerabzug ist u. a., dass eine ordnungsgemäße Rechnung vorliegt.

Das folgende Beispiel verdeutlicht die Buchung.

Beispiel:

Bürohändler U kauft Büromaterial (Waren) ein für 100,00 Euro zzgl. 19 % USt. Damit liegt ein typischer „Grundfall – Einkauf aus dem Inland" vor (siehe Abbildung 9).

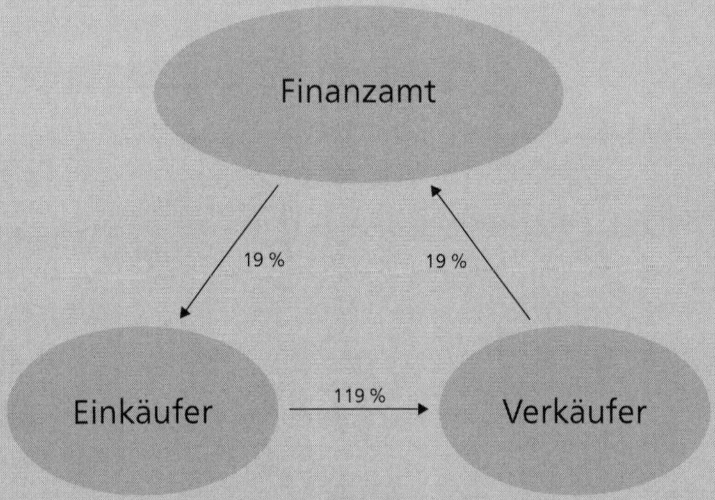

Abbildung 9: Grundfall – Einkauf aus dem Inland
(Quelle: Eigene Darstellung)

Buchungen bei Lieferung und Vorlage der ordnungsgemäßen Rechnung:

5200	Aufwand Waren	100,00 Euro	an 70000	Kreditor	119,00 Euro
1406	Vorsteuer 19 %	19,00 Euro			

Buchung bei Zahlung unter Skontoabzug von 3 %:

70000	Kreditor	11.900,00 Euro	an 1800	Bank	11.543,00 Euro
			an 5200	Aufwand Waren bzw. 5730 erh. Skonti 19 %	300,00 Euro
			an 1406	Vorsteuer 19 %	57,00 Euro

Merke:

Skonto stellt eine anteilige Stornierung der ursprünglichen Buchung dar. Daher ist es wichtig, die zugrundeliegende Buchung zu berücksichtigen. Wurde beispielweise zuvor Anlagevermögen gekauft, so ist das jeweilige Anlagekonto durch Storno zu mindern.

4.3 Einkauf aus dem EU-/EWR Land (= Innergemeinschaftlicher Erwerb)

4.3.1 Allgemeines

Ein innergemeinschaftlicher Erwerb liegt vor, wenn der Liefergegenstand aus dem Gemeinschaftsgebiet in das Inland gelangt (§ 1a UStG).

Die Besteuerung erfolgt in der Regel im Bestimmungsland (§ 1 Abs. 1 Nr. 5 UStG). Beim innergemeinschaftlichen Erwerb wird die Steuer nicht vom Leistenden Unternehmer abgeführt, sondern vom Leistungsempfänger (= **Erwerbsteuer**). Sofern dieser Vorsteuerabzugsberechtigt ist, kann er die Erwerbsteuer als Vorsteuer geltend machen.

Der Erwerber führt somit einerseits die Umsatzsteuer ab, beantragt jedoch in derselben USt-Voranmeldung/USt-Erklärung den Vorsteuerabzug, so dass sich Abführung der Steuer und Vorsteuerabzug gegeneinander aufheben.

4.3.2 Gesetzliche Voraussetzungen

Ein innergemeinschaftlicher Erwerb liegt vor, wenn:

- ein Gegenstand bei einer Lieferung an den Abnehmer aus dem Gemeinschaftsgebiet in das Inland gelangt,
- der Abnehmer ein Unternehmer ist, der den Gegenstand für sein Unternehmen erwirbt,
- der Lieferer ein Unternehmer ist, der die Lieferung als innergemeinschaftliche Lieferung gegen Entgelt im Rahmen seines Unternehmens bewirkt,
- die Warenbewegung im Inland endet.

Sonderregelungen betreffen gewisse Personenkreise und neuer Fahrzeuglieferungen, auf die an dieser Stelle nicht weiter eingegangen wird.

Auch das **Verbringen eines Gegenstandes des Unternehmens** aus dem übrigen Gemeinschaftsgebiet in das Inland durch den Unternehmer zu seiner Verfügung wird als innergemeinschaftlicher Erwerb fingiert, sofern der Gegenstand im Bestimmungsland nicht nur vorübergehend verwendet wird. Der Unternehmer gilt im Ausgangsmitgliedstaat als Lieferer, im Bestimmungsmitgliedstaat als Erwerber.

Beispiel:

Ein deutscher Unternehmer hat eine Maschine aus seiner französischen Betriebsstätte zum Stammhaus in Frankfurt transportiert, um sie dort langfristig zu nutzen. Es liegt ein grenzüberschreitendes unternehmensinternes Verbringen vor. Dieser Vorgang wird grundsätzlich steuerlich in Frankreich wie eine steuerfreie innergemeinschaftliche Lieferung und in Deutschland wie ein steuerpflichtiger innergemeinschaftlicher Erwerb behandelt.

Der **Besteuerungsort von innergemeinschaftlichen Erwerben wird nach § 3d UStG grundsätzlich in dem Gebiet des Mitgliedstaats bewirkt**, in dem sich der Gegenstand am Ende der Beförderung oder Versendung befindet, also in Deutschland. Verwendet der Leistungsempfänger gegenüber dem Lieferer eine ihm von einem anderen Mitgliedstaat erteilte Umsatzsteuer-Identifikationsnummer (zum Beispiel aus Polen), gilt der Erwerb so lange in dem Gebiet dieses Mitgliedstaates (zum Beispiel Polen) als bewirkt, bis der Erwerber nachweist, dass der Erwerb durch den in Satz 1 bezeichneten Mitgliedstaat besteuert worden ist.

Innergemeinschaftliche Erwerbe müssen mit einer USt-ID-Nummer des Leistungsempfängers abgewickelt werden. Diese vergibt das Bundesamt für Finanzen (Saarlouis) auf Antrag, der auch via Internet (*www.bzst.de*) möglich ist.

Ein innergemeinschaftlicher Erwerb liegt insbesondere nicht vor, wenn:

- der Erwerber ein Unternehmer ist, der nur steuerfreie Umsätze ausführt, die zum Ausschluss vom Vorsteuerabzug führen (§ 1a Abs. 3 Nr. 1 Buchst. a UStG),
- der Erwerber ein Kleinunternehmer ist (§ 1a Abs. 3 Nr. 1 Buchst. b UStG),
- der Erwerber ein Unternehmer ist, der nach Durchschnittssätzen besteuert (§ 1a Abs. 3 Nr. 1 Buchst. c UStG),
- der Erwerber eine juristische Person ist, die kein Unternehmer ist oder die den Gegenstand nicht für ihr Unternehmen erwirbt (§ 1a Abs. 3 Nr. 1 Buchst. d UStG),

4.3.3 Steuer und Bemessungsgrundlage

Die Umsatzsteuer bemisst sich nach dem Entgelt (= Nettobetrag). Es gelten die Steuersätze von derzeit 19 % bzw. 7 %. Da die Erwerbsteuer vom Erwerber anzumelden und zu entrichten ist, ist der an den Lieferer gezahlte Betrag grundsätzlich ein Nettobetrag.

4.3.4 Buchungen zum innergemeinschaftlichen Erwerb

Da der Leistungsempfänger die Umsatzbesteuerung übernimmt (vgl. Abbildung 10), erfolgt die Buchung der Vor- und Umsatzsteuer auf dessen Ebene.

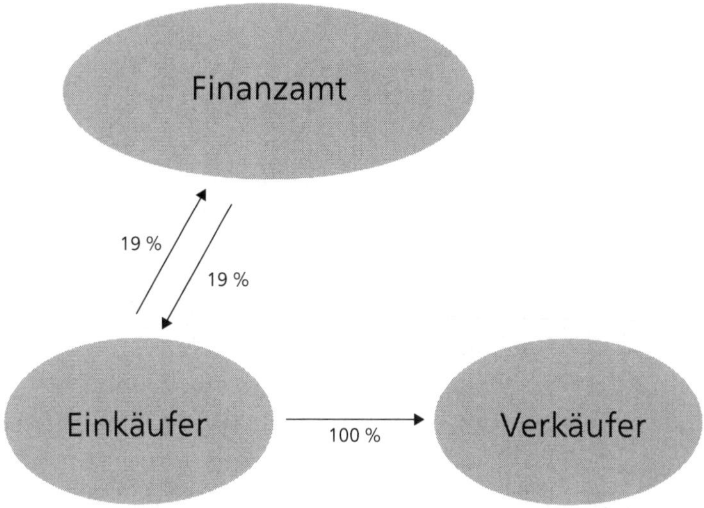

Abbildung 10: Umsatzbesteuerung durch den Leistungsempfänger
(Quelle: Eigene Darstellung)

Das folgende Beispiel verdeutlicht die Buchung:

Beispiel:

Unternehmer U kauft Materialen aus dem EU-Ausland ein. Die Ware wird über die Grenze transportiert. Die Rechnung lautet auf 10.000 Euro netto. Sämtliche Nachweise sind erbracht.

Buchungen bei Lieferung (in Euro):

5424	Aufw. Innergem. Erwerb	10.000,00 Euro	an 70000	Kreditor	10.000,00 Euro
1404	Vorsteuer aus ig-Erwerb	1.900,00 Euro	an 3804	USt aus ig-Erwerb	1.900,00 Euro

Buchung bei Zahlung unter Skontoabzug von 3 %:

70000	Kreditor	10.000,00 Euro	an 1800	Bank	9.700,00 Euro
		57,00 Euro	an 5748	Skonti ig-Erwerb	300,00 Euro
3804	USt aus ig-Erwerb		an 1404	Vorsteuer aus ig-Erwerb	57,00 Euro

Hinweis:

Wird die Zahlung mit Skontoabzug vorgenommen, ist sowohl die Umsatzsteuer als auch die Vorsteuer in gleicher Höhe zu korrigieren!

Beachte:

Das deutsche Unternehmen schuldet die Umsatzsteuer aus einem Wareneinkauf aus dem EU/EWR-Land. Es überweist an den innergemeinschaftlichen Lieferanten nur den Nettobetrag!

4.3.5 Rechnung

In der Rechnung des Lieferanten wird demgemäß auch keine Umsatzsteuer ausgewiesen. Obwohl es dabei an einer Rechnung mit Vorsteuerausweis mangelt, darf der Vorsteuerabzug trotzdem vorgenommen werden.

Die Rechnung hat die Angaben der USt-IdNr. des **Lieferanten** und des **Leistungsempfängers** in Deutschland zu berücksichtigen.

Die Rechnungsstellung hat bis zum 15. Tag des Monats, der auf den Monat der Umsatzausführung folgt, zu erfolgen.

Rechnungsstellung bis zum 15. des Folgemonats!

EU-Auslands Srl
EU-Strasse 15
9999 EU-Land
eigene USt.-Id.Nr. → USt-Id.Nr. EU 23456789

An
Muster GmbH
Id vom Kunden → Musterstrasse 5
79111 Musterstadt
USt.-Id.Nr. DE 123456789 10.4.20XX

Rechnung Nr. 08/15
Leistungsdatum: 18.03.20XX

2.000 Stück Schraubzwingen (Art. Nr. 007) — Gesamtbetrag 20.000,00 EUR

Hinweis auf die Steuerbefreiung → Steuerfreie innergemeinschaftliche Lieferung

Bitte überweisen Sie den
Rechnungsbetrag netto bis zum ...
Kto: XXX BLZ XXX

Abbildung 10a: Beispiel Rechnung aus dem EU-Land
(Quelle: Eigene Darstellung)

4.3.6 Entstehung der Umsatzsteuer

Gemäß § 13 Abs. 1 Nr. 6 UStG entsteht die Erwerbsteuer grundsätzlich mit Ausstellung der Rechnung, die spätestens am 15. des Folgemonats auszustellen ist, und wird auch für den Veranlagungszeitraum angemeldet – spätestens jedoch mit Ablauf des dem Erwerb folgenden Kalendermonats.

4.3.7 Vorsteuerabzug

Der Erwerber kann die Erwerbsteuer als Vorsteuer abziehen, so dass sich bei ihm keine Belastung mit Umsatzsteuer ergibt (§ 15 Abs. 1 Nr. 3 UStG). Die Vorsteuer wird gemäß § 15 Abs. 1 S. 1 Nr. 3 UStG in der Umsatzsteuer-Voranmeldung abgezogen, in der der innergemeinschaftliche Erwerb deklariert wird. Voraussetzung hierfür ist u. a., dass der innergemeinschaftliche Erwerb Gegenstände für das Unternehmen betrifft.

> *Hinweis:*
>
> Verwendet der Unternehmer bei einem innergemeinschaftlichen Erwerb gegenüber dem Lieferer eine ihm von einem anderen Mitgliedstaat als dem, in dem sich der erworbene Gegenstand am Ende der Beförderung oder Versendung befindet, erteilte Umsatzsteuer-Identifikationsnummer (§ 3d Satz 2 UStG), steht ihm der Vorsteuerabzug nach § 15 Absatz 1 Satz 1 Nr. 3 UStG nicht zu.

4.3.8 Meldepflicht

Die Erwerbsteuer ist in der Umsatzsteuer-Voranmeldung anzumelden.

4.4 Einkauf aus dem Drittland (= Einfuhr unverzollt und unversteuert)

4.4.1 Allgemeines

Eine Einfuhr liegt vor, wenn ein Gegenstand aus dem Drittland in das Inland gelangt (§ 1 Abs. 1 Nr. 4 UStG).

Die Besteuerung der Einfuhr soll verhindern, dass Waren aus dem Drittlandsgebiet (d. h. nicht EU-Länder wie Schweiz, Norwegen, Großbritannien, USA, China, Japan, Russland etc.) unversteuert in den Endverbrauch gelangen. Es wird gewährleistet, dass die eingeführten Waren immer im Bestimmungsland besteuert werden. Die bei der Einfuhr anfallende Umsatzsteuer (= Einfuhrumsatzsteuer) wird von den Zollämtern erhoben, welche wiederum als Vorsteuer abgezogen werden kann (§ 15 Abs. 1 Nr. 2 UStG).

In Deutschland besteht die Unterscheidung zwischen der Lieferung „verzollt und versteuert“ oder „unverzollt und unversteuert“. Nur bei letzterem handelt es sich um eine Einfuhr, bei dem der Empfänger die Einfuhrumsatzsteuer als Vorsteuer geltend machen kann und gleichzeitig Umsatzsteuer abzuführen hat.

Beachten Sie hierzu die vereinbarten INCOTERMS!

> *Hinweis:*
>
> Erfolgt die Lieferung hingegen „verzollt und versteuert“, so übernimmt der Lieferant die Einfuhrbelastungen. Dies bedeutet, dass keine „Einfuhr“ aus Sicht des deutschen Leistungsempfängers vorliegt, sondern vielmehr eine Inlandslieferung (Grundfall), da der Ort der Lieferung nach Deutschland verlagert wird (§ 3 Abs. 8 UStG). Der Empfänger in Deutschland kann dann einen Vorsteuerabzug – wie aus Inlandsfällen – geltend machten, sofern er vorsteuerabzugsberechtigt ist.

4.4.2 Voraussetzungen

Eine Einfuhr liegt vor, wenn ein Gegenstand aus dem Drittland in das Inland eingeführt wird und im Inland der Besteuerung unterliegt (§1 Abs.1 Nr.4 UStG).

Allein das körperliche Gelangen ins Inland ist nicht ausreichend, denn die Drittlandsware muss in den zoll- und steuerrechtlich freien Verkehr überführt werden. Dieser Vorgang löst Einfuhrumsatzsteuer aus.

Keine Einfuhr liegt zum Beispiel vor, wenn sich eine Drittlandsware ein einem zollrechtlichen Versandverfahren oder in einem Zolllagerverfahren befindet (Absch. 15.8. Abs.2 UStAE) oder vor dem Inlandsverkauf bereits „verzollt und versteuert" eingeführt wurde.

Eine Einfuhr kann auch durch einen Nicht-Unternehmer verwirklicht werden. Allerdings kann ein Nichtunternehmer die entrichtete Einfuhrumsatzsteuer nicht als Vorsteuer geltend machen.

4.4.3 Buchungssatz der Einfuhr „unverzollt und unversteuert"

Bei Einkauf aus dem Drittland (unverzollt und unversteuert) übernimmt der Leistungsempfänger die Umsatzbesteuerung. Gleichzeitig kann er den Vorsteuerabzug geltend machen, sofern die entsprechenden Voraussetzungen hierzu erfüllt sind (vgl. Abbildung 11).

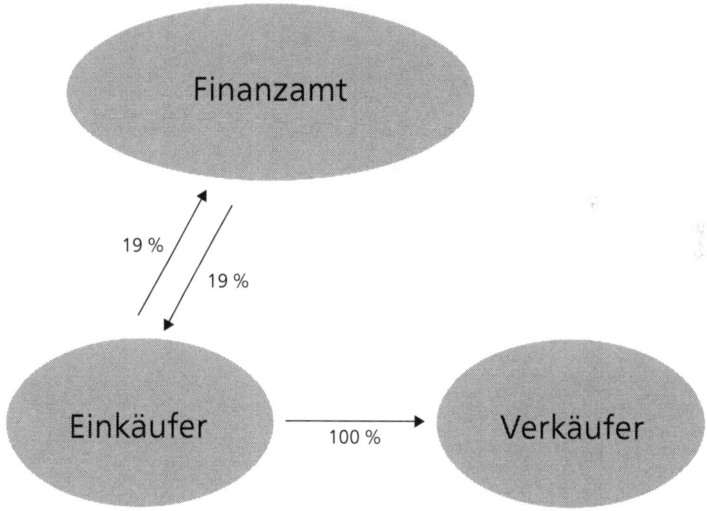

Abbildung 11: Einkauf aus dem Drittland „unverzollt und unversteuert"
(Quelle: Eigene Darstellung)

Das folgende Beispiel dient der Verdeutlichung.

Beispiel:

Der Lieferant Urs aus der Schweiz liefert Ware im Wert von 9.900,00 Euro netto zzgl. Zoll von 100,00 Euro an den Empfänger Unternehmer U in Deutschland. Die Lieferung erfolgt unverzollt und unversteuert.

Buchungen bei Lieferung:

5000	Aufwand Einfuhr	9.900,00 Euro	an 70000	Kreditor	10.000,00 Euro
5840	Zoll	100,00 Euro			
1433	Einfuhrumsatzsteuer (VSt)	1.900,00 Euro	an 3850	USt aus Einfuhr	1.900,00 Euro

Hinweis:

Die Zollkosten stellen Anschaffungsnebenkosten dar und erhöhen die Bemessungsgrundlage für die Einfuhrumsatzsteuer.

Erfolgt die Einfuhr beispielsweise durch einen Spediteur, so übernimmt dieser in der Regel die Zahlung der Einfuhrumsatzsteuer.

Buchung bei Zahlung unter Skontoabzug 3 %:

70000	Kreditor	10.000,00 Euro	an 1800	Bank	9.700,00 Euro
3850	USt aus Einfuhr	57,00 Euro	an 5730	erhaltene Skonti Einfuhr	300,00 Euro
			an 1433	Einfuhrumsatzsteuer	57,00 Euro

Hinweis:

Wird die Zahlung mit Skontoabzug vorgenommen, ist sowohl die Umsatzsteuer als auch die Vorsteuer aus der Einfuhr in gleicher Höhe zu korrigieren!

4.4.4 Rechnung

In der Rechnung des Lieferanten wird demgemäß auch keine Umsatzsteuer ausgewiesen. Obwohl es dabei an einer Rechnung mit Vorsteuerausweis mangelt, darf der Vorsteuerabzug aus der Einfuhr trotzdem vorgenommen werden.

Schneebeli AG
Am Zürich-See 12
CH-8088 Zürich

An
Mustermann AG
Musterstrasse 9
99999 Musterstadt
Deutschland

10.02.20XX

Rechnung Nr. 08/15
Leistungsdatum: 15.01.20XX

	Gesamtbetrag
2.000 Stück Schraubzwingen (Art. Nr. 007)	20.000,00 EUR
Steuerfreie Ausfuhrlieferung	

Hinweis auf die Steuerbefreiung → Steuerfreie Ausfuhrlieferung

Bitte überweisen Sie den
Rechnungsbetrag netto bis zum ...
Kto: XXX BLZ XXX

Abbildung 11a: Beispiel Rechnung aus dem Drittland
(Quelle: Eigene Darstellung)

4.4.5 Bemessungsgrundlage und Steuersatz

Bemessungsgrundlage für die Erhebung der Einfuhrumsatzsteuer ist der Zollwert (§ 11 UStG). Für die Ermittlung der Bemessungsgrundlage der Einfuhrumsatzsteuer finden grundsätzlich die jeweiligen Vorschriften über den Zollwert aus dem Zollkodex Anwendung.

Diesem Betrag sind folgende Kosten hinzuzurechnen, soweit sie nicht bereits darin enthalten sind:

- im Ausland geschuldete Beträge an Einfuhrabgaben, Steuern und sonstige Abgaben (zum Beispiel gezahlte, drittländische Ausfuhrzölle),
- Beträge an Zöllen und andere EG-Einfuhrabgaben sowie besondere Verbrauchsteuern, zum Beispiel auf Mineralöle oder Tabakwaren, die auf die eingeführten Gegenstände anfallen,
- Beförderungskosten von der EG-Grenze bis zum ersten Bestimmungsort im Gemeinschaftsgebiet, also dem Ort, an dem die grenzüberschreitende Beförderung endet bis hin zu einem weiteren Bestimmungsort im Gemeinschaftsgebiet, sofern dieser im Zeitpunkt des Entstehens der Einfuhrumsatzsteuer bereits feststeht.

Der Regelsteuersatz entspricht dem der Umsatzsteuer. Er beträgt derzeit 19 % des sog. Einfuhrumsatzsteuerwertes und ermäßigt sich bei bestimmten Waren (insbesondere Lebensmittel, Bücher etc.) auf derzeit 7 %.

4.4.6 Schuldner der Einfuhrumsatzsteuer

Der Schuldner der Einfuhrumsatzsteuer von Einfuhrgegenständen zum freien Verkehr ist der Anmelder im zollrechtlichen Sinne. Daher schuldet derjenige die Steuer, in dessen Namen die Abfertigung zum zoll- und umsatzsteuerrechtlich freien Verkehr stattfindet.

Der Anmelder, der grundsätzlich im Gemeinschaftsgebiet ansässig sein muss, kann sich bei der Zollanmeldung und anderen zollrechtlichen Verfahrenshandlungen jedoch direkt oder indirekt vertreten lassen (zum Beispiel durch einen Spediteur).

4.4.7 Entstehung der Einfuhrumsatzsteuer-Schuld

Eine Einfuhrzollschuld entsteht grundsätzlich, wenn eine einfuhrabgabenpflichtige Ware in den zollrechtlich freien Verkehr übergeführt wird. Die Zollschuld entsteht in dem Zeitpunkt, in dem die betreffende Zollanmeldung angenommen wird.

Nach § 21 UStG Demnach war die Einfuhrumsatzsteuer entsprechend den zollrechtlichen Vorschriften regelmäßig sofort, bei einer Einfuhr durch ein Unternehmen spätestens am zehnten Tag nach der Einfuhr zu entrichten.

Für den Fall, dass dem Unternehmer ein Aufschub Konto bewilligt wurde, war die bei der Einfuhr eines Gegenstands in das Inland entstehende Einfuhrumsatzsteuer erst am 16. Tag des dem Monat der Einfuhr folgenden Monats fällig.

> *Hinweis:*
>
> Durch die Corona-Krise wurde der Fälligkeitstermin für die Einfuhrumsatzsteuer ab dem 01. 12. 2020 gem. § 21 Abs. 3a UStG unter bestimmten Voraussetzungen auf den 26. Tag des zweiten auf den Monat der Einfuhr folgenden Monats verschoben (BMF Schreiben vom 06. 10. 2020, III B 1 – Z 8201/19/10001:005). Dies bedeutet, dass der Fälligkeitstermin für Einfuhren des Aufschub-Zeitraums Dezember einheitlich vom 16. 01. 2021 auf den 26. 02. 2021 verschoben wurde.

4.4.8 Entstehung der Vorsteuer (EUSt)

Die Vorsteuer kann bereits für entstandene Einfuhrumsatzsteuer geltend gemacht werden, d.h. nicht erst für die entrichtete Einfuhrumsatzsteuer (§ 15 Abs. 1 Satz 1 Nr. 2 UStG).

Nur der sog. einführende Unternehmer hat für die entstandene Einfuhrumsatzsteuer gegenüber dem Finanzamt einen Erstattungsanspruch, sofern die Einfuhr aus unternehmerischen Gründen erfolgt und kein Vorsteuerabzugsverbot besteht.

Der einführende Unternehmer ist derjenige, der im Zeitpunkt der Einfuhr die Verfügungsmacht über den Gegenstand besitzt, unabhängig davon,

- wer Schuldner der entstandenen Einfuhrumsatzsteuer war,
- wer die Einfuhrumsatzsteuer entrichtet hat und
- wer den für den vorsteuerabzugsberechtigten Unternehmer eingeführten Gegenstand tatsächlich über die Grenze gebracht hat.

Merke:

Personen, die lediglich an der Einfuhr mitgewirkt haben, ohne über den Gegenstand verfügen zu können (zum Beispiel Spediteure, Frachtführer etc.), sind nicht abzugsberechtigt

4.4.9 ATLAS-Einfuhr

Die Überführung von Nichtgemeinschaftswaren in den zollrechtlich freien Verkehr wird sowohl im Normalverfahren als auch im vereinfachten Verfahren (einschließlich Abrechnung der ergänzenden Zollanmeldungen) unterstützt. Hierfür wurde durch ATLAS ein EDV-Verfahren oder eine Zollsoftware zur Automatisiserung der Zollabwicklung etabliert.

4.4.10 Meldepflicht

Die Einfuhrumsatzsteuer ist in der Umsatzsteuer-Voranmeldung anzumelden.

4.5 Sonderfall Reverse Charge nach § 13b UStG

Reverse-Charge-Verfahren bedeutet, dass der Leistungsempfänger zum Steuerschuldner wird, also die Umsatzsteuer anzumelden hat. Im Gegenzug kann er diese als Vorsteuer abziehen. Somit hat der Leistende eine Nettorechnung mit Hinweis auf die Umkehr der Steuerschuldnerschaft zu erstellen. Das Reverse-Charge-Verfahren dient zum einen der Vereinfachung (der Ausländische Unternehmer braucht sich nicht in Deutschland umsatzsteuerlich zu registrieren), zum anderen der Vermeidung von Umsatzsteuerbetrug.

Zu unterscheiden sind zwei Fallgruppen:

- Fälle des § 13b Abs. 1 UStG (Dienstleistungen aus dem EU-/EWR-Ausland)
- Fälle des § 13b Abs. 2 UStG (Sonderfälle von Lieferungen)

4.5.1 Tatbestände i. S. d. § 13b Abs. 1 UStG

Hierunter fallen die mit Ortsbestimmung nach § 3a Abs. 2 UStG im Inland steuerpflichtigen sonstigen Leistungen eines im übrigen Gemeinschaftsgebiet ansässigen Unternehmers (vgl. Abbildung 12).

Die Steuerschuldnerschaft geht auf den Leistungsempfänger über, wenn er ein Unternehmer oder eine juristische Person ist (sog. B2B Fall nach § 3a UStG). Hintergrund hierfür ist, dass sich der Besteuerungsort bei Dienstleistungen in der Regel an dem Leistungsempfänger orientiert. Ist der Leistungsempfänger ein Unternehmer (B2B), so wird demgemäß der Besteuerungsort zum Leistungsempfänger verlagert. Ist der Leistungsempfänger eine Privatperson (B2C), so liegt der Besteuerungsort in der Regel beim ausführenden Unternehmer.

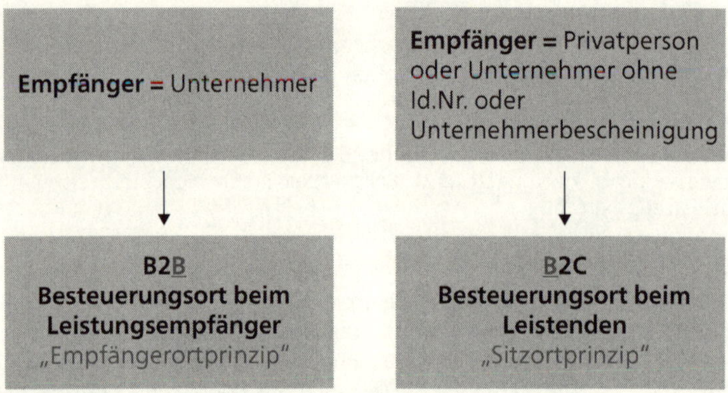

Abbildung 12: Besteuerungsort bei sonstigen Leistungen
(Quelle: Eigene Darstellung)

> *Hinweis*
>
> Der Steuerberater mit Sitz in Frankfurt erstellt eine Steuererklärung für die Privatperson Martha in Essen. Der Besteuerungsort ist im B2C Fall in Frankfurt, d.h. beim Leistenden.
>
> Erstellt der Steuerberater jedoch die Steuererklärung für die Martha GmbH (B2B) in Essen, ist der Besteuerungsort in Essen (beim Leistungsempfänger).
>
> Innerhalb Deutschlands hat die Frage des Besteuerungsortes keine steuerliche Auswirkung. Dieser Sachverhalt kommt in der Regel dann zum Tragen, wenn die sonstige Leistung über die Landes-Grenze hinweg erfolgt.

4.5.2 Tatbestände i. S. d. § 13b Abs. 2 UStG

Hierunter fallen folgende Katalogleistungen (in der Regel Lieferungen):

- Werklieferungen und sonstige Leistungen (auch Werkleistungen) eines **im Ausland ansässigen Unternehmers** (§ 13b Abs. 2 Nr. 1 UStG).
- Lieferungen sicherungsübereigneter Gegenstände durch den Sicherungsgeber an den Sicherungsnehmer außerhalb des Insolvenzverfahrens (§ 13b Abs. 2 Nr. 2 UStG).
- Umsätze die unter das Grunderwerbsteuergesetz fallen (§ 13b Abs. 2 Nr. 3 UStG)
  Die Steuerschuldnerschaft geht in diesen Fällen auf den Leistungsempfänger über, wenn er Unternehmer oder eine juristische Person ist.
- **Bauleistungen** (Werklieferungen, Werkleistungen und sonstige Leistungen) eines Bauleisters (Bauhandwerkers) an einen anderen „Bauleister" (Bauhandwerker), der nachhaltig Bauleistungen erbringt (§ 13b Abs. 2 Nr. 4 UStG). Als Nachweis für einen Bauleister hat dieser das Formular **UST 1 TG** (siehe Anhang) auszufüllen. Er erbringt nachhaltig Bauleistungen, wenn 10 % der Umsätze aus Bauleistungen resultierten.
- Lieferung von **Gas, Strom, Wärme und Kälte eines im Ausland ansässigen Unternehmers** (§ 13b Abs. 2 Nr. 5 UStG). Der Leistungsempfänger ist demnach Steuerschuldner, wenn er ein **Wiederverkäufer** von Erdgas und/oder Elektrizität i. S. des § 3g UStG ist, d. h., wenn er einen im Zeitpunkt der Ausführung des Umsatzes gültigen Nachweis namens USt 1 TH (Kopie oder Original) vorlegt.
- Übertragung von Emissionshandelszertifikaten (§ 13b Abs. 2 Nr. 6 UStG).
- Lieferung von Abfällen und Schrott, die in **Anlage 3 zum UStG (siehe Anhang)** aufgeführt sind (§ 13b Abs. 2 Nr. 7 UStG). In diesen Fällen schuldet der Leistungsempfänger die Steuer, wenn er ein Unternehmer ist.
- **Reinigen von Gebäuden und Gebäudeteilen** (§ 13b Abs. 2 Nr. 8 UStG). Der Leistungsempfänger schuldet die Steuer, wenn dieser selbst nachhaltig Gebäudereinigungsleistungen erbringt, d. h. mindestens 10 % der Umsätze hieraus resultieren. Hierzu hat er das Formular **USt 1 TG** (siehe Anhang) auszufüllen. Der Leistungsempfänger ist auch dann Steuerschuldner, wenn er die an ihn im Einzelfall erbrachte Dienstleistung nicht zur Ausführung einer Gebäudereinigungsleistung verwendet.
- Lieferung von Gold (§ 13b Abs. 2 Nr. 9 UStG).
- Lieferung von **Mobilfunkgeräten, Tablet-Computern, Spielekonsolen und integrierten Schaltkreisen vor Einbau in einen zur Lieferung auf der Einzelhandelsstufe,** wenn die Summe der Entgelte eines wirtschaftlichen Vorgangs **mindestens 5.000,00 Euro** beträgt (§ 13b Abs. 2 Nr. 10 UStG). In diesen Fällen schuldet der Leistungsempfänger die Steuer, wenn er ein Unternehmer ist.

- Lieferungen der in der **Anlage 4** zum UStG (siehe Anhang) bezeichneten. **Edelmetallen, unedlen Metalle und Cermets in Rohstoffform**, wenn die Summe der Entgelte eines wirtschaftlichen Vorgangs **mindestens 5.000,00 Euro** beträgt (§ 13b Abs. 2 Nr. 11). Es handelt sich im Wesentlichen um Roh- oder Vormaterialen. Die Produkte sind in der Anlage 4 zum UStG mit ihren jeweiligen Zolltarifnummern abgebildet.
- Sonstige Leistungen auf dem **Gebiet der Telekommunikation** (§ 13b Abs. 2 Nr. 12 UStG) **ab 2021 (Wiederverkäufer Ausland).**

Anmerkung:

Die 5.000,00 Euro-Bagatellgrenze betrifft nur den Einkauf von Mobilfunkgeräten, Tablets, Spielekonsolen, CPUs i. S. d. § 13b Abs. 2 Nr. 10 UStG etc. sowie den Einkauf von Edel- und Unedlen Metallen in Rohstoffform i. S. d. § 13b Abs. 2 Nr. 11 UStG. Abgestellt wird hierbei auf den wirtschaftlichen Vorgang und nicht auf die jeweilige Rechnungshöhe.

Beispiel:

Der Unternehmer U kauft Metalle i. S. d. § 13b UStG im Wert von 9.000,00 Euro netto ein. Die Lieferung erfolgt in zwei Chargen zu jeweils 4.500,00 Euro netto. Auch wenn der einzelne Rechnungsbetrag unter 5.000,00 Euro netto liegt, handelt es sich dennoch um einen 13b-Fall, da die ursprüngliche Bestellung (= wirtschaftlicher Vorgang) bei über 5.000,00 Euro netto liegt. Nachträgliche Skonti, die zu einem Wert von unter 5.000,00 Euro netto führen, ändern an dieser Betrachtungsweise nichts.

Hinweis:

Sowohl im Bereich des § 13b Abs. 2 Nr. 7 (Schrott) und Nr. 10 (Metalle) hängt die Frage, ob der Sachverhalt unter das Reverse-Charge-Verfahren fällt, davon ab, mit welcher Zolltarifnummer der Gegenstand bezeichnet ist. Zur zolltariflichen Einstufung können die Erläuterungen im Warenverzeichnis für die Außenhandelsstatistik auf der Internetseite genutzt werden.[1]

Bei Zweifelsfragen kann eine unverbindliche Zolltarifauskunft beim zuständigen Hauptzollamt beantragt werden.

4.5.3 Vereinfachungs-Regel

In § 13b Abs. 5 S. 7 UStG ist die Vereinfachungsregelung bei der Steuerschuldnerschaft des Leistungsempfängers in Irrtumsfällen geregelt. Hierdurch wird die bisherige Vereinfachungsregelung der Finanzverwaltung bei

1 Vgl. *https://www.destatis.de/DE/Methoden/Klassifikationen/Aussenhandel/warenverzeichnis_downloads.html* oder *http://eur-lex.europa.eu/LexUriServ/LexUriServ.do?uri=OJ:C:2011:137:0001:0397:DE:PDF*, abgerufen am 14. 07. 2021.

- Bauleistungen und Gebäudereinigungsleistungen,
- Lieferungen von Erdgas und Elektrizität durch im Inland ansässige Unternehmer,
- Lieferungen von Schrott und Altmetall, von Gold und von Edelmetallen und unedlen Metallen,
- Lieferungen von Mobilfunkgeräten, Tablet-Computern und Spielekonsolen oder integrierten Schaltkreisen vor Einbau in einen zur Lieferung auf der Einzelhandelsstufe geeigneten Gegenstand

gesetzlich festgeschrieben.

Danach verbleibt es bei der Steuerschuldnerschaft des Leistungsempfängers, wenn beide Beteiligte von der Erfüllung der Voraussetzungen für die Steuerschuldnerschaft des Leistungsempfängers ausgegangen sind und sich im Nachhinein beim Anlegen objektiver Kriterien herausstellt, dass diese Voraussetzungen tatsächlich nicht vorlagen. Voraussetzung ist, dass es zu keinen Steuerausfällen gekommen ist.

Beispiel:
Die Gutschrift über Schrottentsorgung lautet auf netto 7.000,00 Euro. Auf der Rechnung steht der Vermerk „Steuerschuldnerschaft des Leistungsempfängers". Einen Monat später wird klar, dass die aufgeführten Schrottartikel nicht unter die Anlage 3 des UStG und damit nicht unter § 13b UStG fällt. Durch die Vereinfachungsregel wird der 13b-Fall nicht korrigiert, auch wenn es sich im Nachhinein herausstellt, dass die Beurteilung „falsch" war. Voraussetzung hierfür ist jedoch, dass es zu keinem Steuerausfall kommt. Die Umsatzsteuer muss also abgeführt sein.

4.5.4 Vereinfachungs-Regelung

Das Bundesministerium der Finanzen (BMF) ist durch § 13b Abs. 10 UStG ermächtigt, den Umfang der Steuerschuldnerschaft des Leistungsempfängers kurzfristig zu erweitern, um Steuerhinterziehungen zu vermeiden (sog. EU-Schnellreaktions-Mechanismus).

Demnach kommt es zu einer kurzfristigen Erweiterung der Steuerschuldnerschaft des Leistungsempfängers bei unvermittelt auftretenden Betrugsfällen von erheblichem Gewicht und zur raschen Verhinderung von Steuerausfällen für einen Zeitraum von maximal neun Jahren. Durch die Regelung wird das BMF ermächtigt, durch Rechtsverordnung mit Zustimmung des Bundesrates den Umfang der Steuerschuldnerschaft des Leistungsempfängers unter bestimmten Voraussetzungen (zunächst) zeitlich beschränkt zu erweitern.

4.5.5 Steuerschuldner

Steuerschuldner ist der inländische Leistungsempfänger, sofern er Unternehmer (B2B) ist.

Liegt eine Rechnung mit ausländischer USt vor, obwohl es sich um einen Fall mit umgekehrter Steuerschuldnerschaft (Reverse Charge) handelt, hat der Leistungsempfänger kein Recht auf Vorsteuerabzug der falsch ausgewiesenen ausländischen Umsatzsteuer. Dennoch wird die inländische Umsatzsteuer nach § 13b UStG geschuldet.

Sofern der Unternehmer vorsteuerabzugsberechtigt ist, kann er die deutsche Vorsteuer geltend machen, selbst wenn keine korrigierte Rechnung vorliegt (vgl. Art 13b.14 und 15 (5) UStAE).

Die Rückzahlung der falsch ausgewiesenen Umsatzsteuer muss der Unternehmer vom Lieferanten verlangen. Wenn die Rückzahlung unmöglich ist oder schwierig erscheint (zum Beispiel bei Insolvenz des Verkäufers), hat der Leistungsempfänger ggf. Anspruch auf Rückzahlung gegenüber der Steuerbehörde. (EuGH vom 26.04.2017 – C 564/15, BFH/NV 2017 S. 1005 und BFH vom 30.06.2015 – VII R 30/14, BFH/NV 2015 S. 1611).

4.5.6 Berechnung, Anmeldung und Fälligkeit

Der Leistungsempfänger muss die Steuer berechnen. Die Steuer entsteht nicht erst bei Zahlung des Nettobetrages an den Leistungserbringer, sondern für sonstige Leistungen von EU-Unternehmen gem. §13b Abs. 1 UStG mit Ablauf des Monats, in dem die Leistung ausgeführt worden ist; In allen anderen Fällen, in dem die Rechnung ausgestellt wird, spätestens mit Ablauf des Folgemonats nach Ausführung der Leistung (obwohl der genaue Rechnungsbetrag u. U. noch unbekannt ist).

Die Steuer ist in der USt-Voranmeldung des Leistungsempfängers anzugeben (Soll-Prinzip) und zur entsprechenden Fälligkeit abzuführen.

Der Leistungsempfänger erhält den Vorsteuerabzug nach den normalen diesbezüglichen Regelungen.

4.5.7 Rechnungsstellung

Seit dem 01.01.2013 müssen Rechnungen im Reverse-Charge-Verfahren nach § 13b Abs. 2 UStG die ausdrückliche Angabe „Steuerschuldnerschaft des Leistungsempfängers" (vgl. Abbildung 13) berücksichtigen. (§ 14a Abs. 5 UStG). Bezeichnungen wie „Die Steuerschuldnerschaft geht auf den Leistungsempfänger über" sind nicht mehr üblich. Fehlt die Bezeichnung, ist trotzdem ein Vorsteuerabzug grundsätzlich möglich (vgl. Art. Art 13b.14 und 15 [5] UStAE).

Mustermann GmbH
Musterstrasse 15
99999 Musterstadt
USt.-Id.Nr. DE 123456789

An
Herrn Müller
Veilchenweg 9
77777 XY Stadt

10.02.20XX

Rechnung Nr. 08/15
Leistungsdatum: 31.01.20XX

	Gesamtbetrag
Bauleistung gem. Vertrag XY	10.000,00 EUR

Hinweissatzpflicht: Steuerschuldnerschaft des Leistungsempfängers → Steuerschuldnerschaft des Leistungsempfängers

Bitte überweisen Sie den
Rechnungsbetrag netto bis zum ...
Kto: XXX BLZ XXX

Abbildung 13: Rechnungsbeispiel Reverse Charge
(Quelle: Eigene Darstellung)

Zu beachten ist auch, dass die Rechnungserteilung nach den Vorschriften desjenigen Mitgliedsstaates zu erfolgen hat, in dem der Unternehmer ansässig ist, unter den Voraussetzungen, dass der Unternehmer einen Umsatz im Inland ausführt, die Umsatzsteuer nach § 13b UStG geschuldet wird und der ausführende Unternehmer nicht in demjenigen Staat ansässig ist, in dem der Umsatz ausgeführt wird. Dies gilt jedoch nicht für Gutschriften. (Art 219a Nr. 2 MwStSystRL). Eine andere Formulierung von Reverse Charge in der jeweiligen Amtssprache ist zulässig, BMF vom 25. 03. 2013 (vgl. Abbildungen 14 und 15).

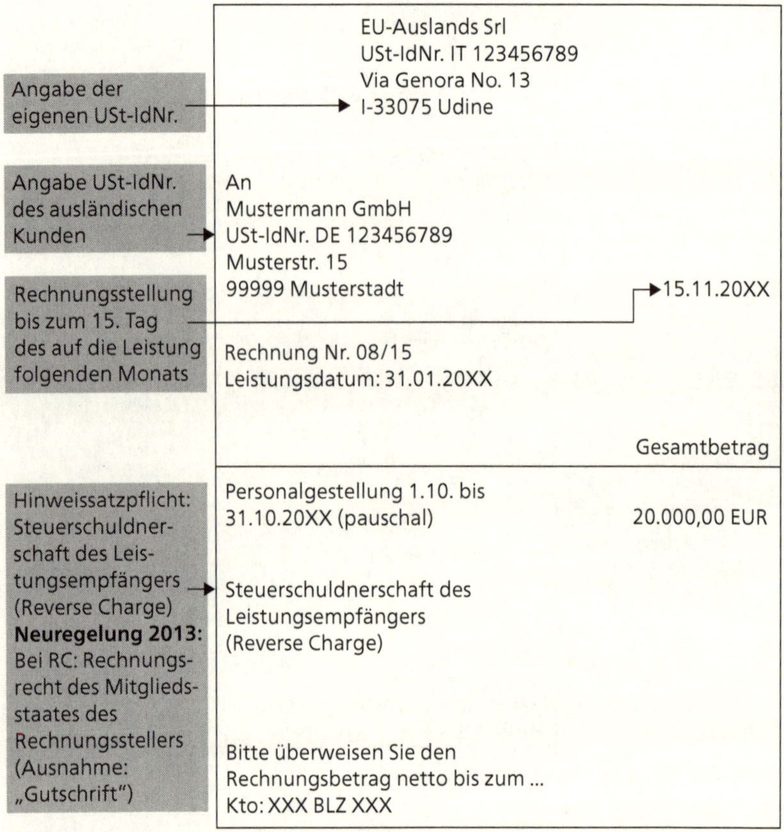

Abbildung 14: Beispiel einer Reverse-Charge-Rechnung aus dem EU-Land
(Quelle: Eigene Darstellung)

Drittlands AG
Am goldenen Ufer 15
CH-8008 Zürich

An
Mustermann GmbH
Musterstr. 15
99999 Musterstadt
Deutschland
USt IdNr. DE123456789 — 31.01.20XX

Rechnung Nr. 08/15
Leistungsdatum: 31.01.20XX

	Gesamtbetrag
Personalgestellung vom 1.1. bis 31.01.20XX (pauschal)	20.000,00 EUR

Steuerschuldnerschaft
des Leistungsempfängers
(Reverse Charge)

Bitte überweisen Sie den
Rechnungsbetrag netto bis zum ...
Kto: XXX BLZ XXX

Abbildung 15: Beispiel einer Reverse-Charge-Rechnung aus dem Drittland
(Quelle: Eigene Darstellung)

> *Hinweis:*
> Liegt der Besteuerungsort im Drittland, sollten vorab Informationen[2] eingeholt werden.

Es ist zu prüfen, ob das Drittland eine Umsatzbesteuerung nach europäischem Verständnis überhaupt kennt.

Wenn ja, ist fraglich, ob das Reverse-Charge-Verfahren (zum Beispiel Schweiz) anwendbar ist. Andernfalls wird der Umsatz des deutschen Unternehmers nicht erfasst (zum Beispiel in den Vereinigten Emiraten). Ersten Anhaltpunkt, ob die Staaten ein Umsatzsteuersystem nach europäischem Vorbild kennen, bietet die

2 Bspw. über die Deutschen Auslandshandelskammern (*www.ahk.de*).

„Länderliste zur Umsatzsteuer-Rückvergütung“ (vgl. BMF vom 15.03.2021 – III C 3 – S 7359/19/10005:001 – Dok 2021/0300443).

Findet kein Reverse-Charge-Verfahren im Drittland Anwendung, ist eine umsatzsteuerliche Registrierung oder ggfs. die Einschaltung eines Fiskalvertreters in dem jeweiligen Land erforderlich.

4.5.8 Folgen im Inland

Ist der Besteuerungsort im Inland, hat der Leistungsempfänger die USt abzuführen. Gleichzeitig kann er den Vorsteuerabzug geltend machen (vgl. Abbildung 16).

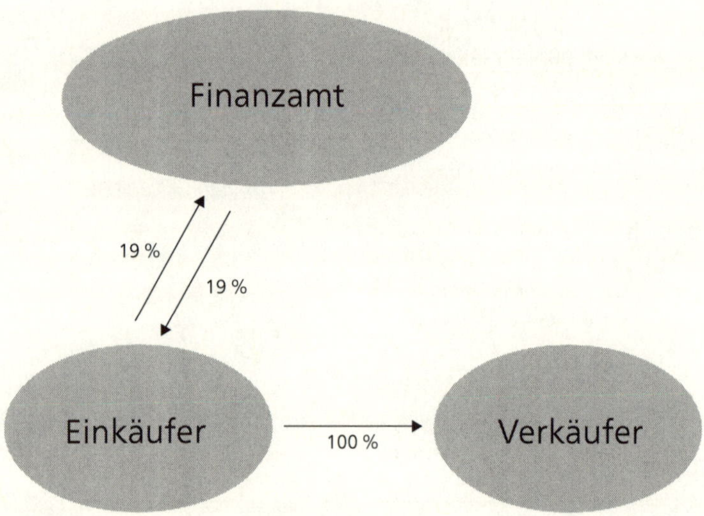

Abbildung 16: Umsatzbesteuerung im Inland
(Quelle: Eigene Darstellung)

Beispiel:

Beratung des Rechtsanwalts in Spanien an den deutschen Unternehmer. Der Rechtsanwalt stellt eine Rechnung in Höhe von 10.000,00 Euro zzgl. 21 % spanischer Umsatzsteuer. Der Rechnungsbetrag lautet daher auf brutto 12.100,00 Euro.

Lösung:

Es handelt sich um eine Dienstleistung von einem im Gemeinschaftsgebiet ansässigen Unternehmer (B2B-Fall). Demnach ist der Besteuerungsort im Inland (§ 3a UStG). Zur Vermeidung der Registrierung des spanischen Unternehmers in Deutschland, fällt der Vorgang unter das Reverse-Charge-Verfahren (§ 13b Abs. 1

UStG). Der Leistungsempfänger übernimmt die Umsatzsteuerbesteuerung in Deutschland. Dies bedeutet im Ergebnis, dass die Rechnung mit spanischem USt-Ausweis falsch ist (Abbildung 17).

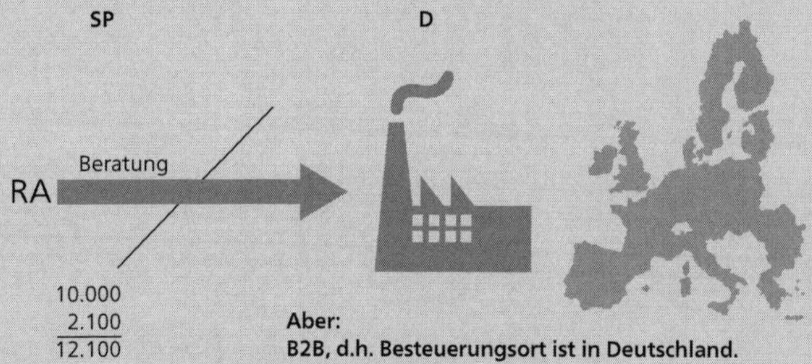

Abbildung 17: Beispiel Reverse-Charge-Verfahren „Sonstige Leistung EU-Unternehmer"

(Quelle: Eigene Darstellung)

Der deutsche Unternehmer bucht den Aufwand von netto 10.000,00 Euro und führt 19 %, d. h. 1.900,00 Euro USt an das deutsche Finanzamt ab. Gleichzeitig kann er die Vorsteuer von 19 %, d. h. 1.900,00 Euro, geltend machen, auch wenn die Rechnung „falsch" ausgewiesen worden ist. Die zu viel bezahlte spanische Umsatzsteuer kann er vom ausländischen Unternehmer zurückfordern. Ist dies nicht mehr möglich, da dieser bspw. bereits insolvent ist, hat der Leistungsempfänger **Anspruch auf Rückzahlung** gegenüber der Steuerbehörde. (EuGH vom 26. 04. 2017, C -564/15, BFH/NV 2017 S. 1005 und BFH vom 30. 06. 2015 – VII R 30/14, BFH/NV 2015 S. 1611).

Buchung (richtigerweise):

5925	Aufwand 13b USt	10.000,00 Euro	an 3300	Verbindlichkeiten	10.000,00 Euro
1407	Vorsteuer § 13b	1.900,00 Euro	an 3837	Umsatzsteuer 13b	1.900,00 Euro

Merke:

Auch wenn die Rechnung aus Spanien falsch ist, ist der Sachverhalt umsatzsteuerlich richtig zu buchen, d. h. unter Berücksichtigung von Umsatzsteuer nach 13b UStG. Der Vorsteuerabzug nach §13b UStG kann trotz falscher Rechnung geltend gemacht werden (Art 13b.14 und 15 [5] UStAE). Ein Vorsteuerabzug der „falsch" ausgewiesenen spanischen Umsatzsteuer ist nicht möglich.

5. Buchung von Verkäufen

5.1 Übersicht Verkauf

Bei der Buchung von Verkäufen sind Lieferungen von Dienstleistungen zu unterscheiden.

Bei Lieferungen basieren die Buchungen auf folgenden vier Fällen:

1) Grundfall
2) Verkauf ins EU-/EWR-Land (= innergemeinschaftliche Lieferung)
3) Verkauf ins Drittland (Ausfuhr)
4) Reverse Charge nach § 13b UStG

Bei (Dienst-)Leistungen basieren die Buchungen auf folgenden zwei Fällen.

1) Grundfall
2) Reverse Charge nach § 13b UStG

Im Weiteren werden die vier Buchungsfälle weiter erläutert.

5.2 Grundfall

Der Grundfall stellt in der Regel einen Verkauf im Inland dar. Bezüglich der Entstehung der Umsatzsteuer gelten die zuvor gemachten Angaben.

Das folgende Beispiel verdeutlicht die Buchung.

Beispiel:
Unternehmer U verkauft Waren 1.000,00 Euro zzgl. 19 % USt. Damit liegt ein typischer „Grundfall – Verkauf im Inland" vor (Abbildung 18).

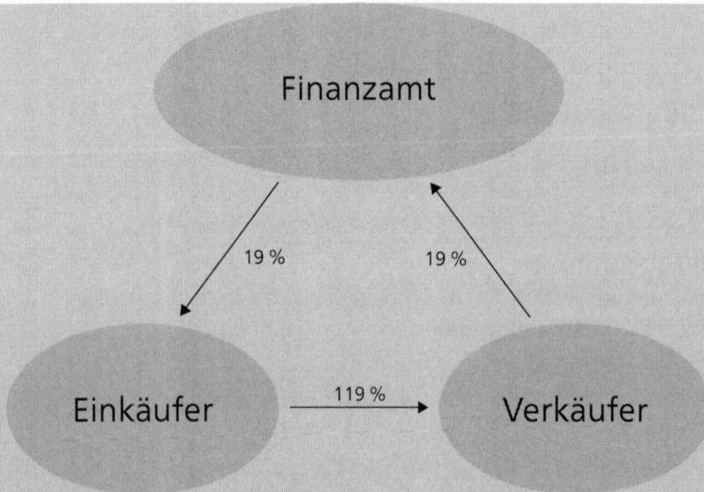

Abbildung 18: Beispiel eines Verkaufs im Inland – Grundfall
(Quelle: Eigene Darstellung)

Buchungen bei Lieferung (und unabhängig von der Vorlage einer ordnungsgemäßen Rechnung):

10 000	Debitor	1.000,00 Euro	an 4400	Erlöse	1.000,00 Euro
			an 3806	USt 19 %	190,00 Euro

Buchung bei Zahlung unter Skontoabzug von 3 %:

1800	Bank	11.543,00 Euro	an 10 000 Debitor	11.900,00 Euro
4730	Gewährte Skonti 19 %	300,00 Euro		
3806	USt 19 %	57,00 Euro		

Merke:

Die Skonto-Zahlung führt zu einer anteiligen Stornierung der ursprünglichen Buchung. Neben dem Konto „Gewährte Skonti" ist auch das Konto „Erlösschmälerungen" gängig. Beides sind Unterkonten von den Erlösen und mindern diese. Die Umsatzsteuer ist mit dem ursprünglichen Steuersatz zu korrigieren.

5.3 Innergemeinschaftliche Lieferung an einen Unternehmer

5.3.1 Allgemeines

Für gewisse Leistungen in das Ausland besteht Umsatzsteuerfreiheit für den deutschen Leistungserbringer. Die Leistungen sind zwar gemäß § 1 UStG umsatzsteuerbar, aber gemäß § 4 Abs. 1 Nr. 1 UStG umsatzsteuerfrei. Der Vorsteuerabzug ist trotzdem möglich (§ 15 UStG).

Unter diese Regelungen fallen insbesondere

1) die Ausfuhrlieferungen (§ 6 UStG),
2) innergemeinschaftlichen Lieferungen.

Die Lieferung ins EU-/EWR-Land (seit 2021 27 Mitgliedstaaten) wird als innergemeinschaftliche Lieferung bezeichnet und setzt voraus, dass der Empfänger ein Unternehmer ist (unter Nachweise der entsprechenden USt-Identifikationsnummer). Ist der Empfänger jedoch eine Privatperson, liegt hingegen ein Grundfall vor, der eine Umsatzbesteuerung in Deutschland auslöst. Die Lieferung ins Drittland (Schweiz, Norwegen, Großbritannien und der Rest der Welt) wird als Ausfuhr bezeichnet. Der Empfänger muss ein ausländischer Abnehmer sein. Hierbei erfolgt keine Unterscheidung zwischen Unternehmer oder Privatperson.

Beispiel: Alle Nachweise sind erbracht.

Beschreibung	Sachverhalt
Verkauf von Waren an einen Unternehmer in Frankreich mit USt-IdNr.	Innergemeinschaftliche Lieferung (steuerfrei)
Verkauf von Waren an eine Privatperson in Frankreich	Grundfall (mit Umsatzsteuer)
Verkauf von Waren an einen Unternehmer in die Schweiz	Ausfuhr (steuerfrei)
Verkauf von Waren an eine Privatperson in die Schweiz	Ausfuhr (steuerfrei)

5.3.2 Fachbegriffe

Zunächst sind einige Begriffsdefinitionen notwendig:

Beförderung

Der Begriff ist sehr weit auszulegen. Er umschreibt die Fortbewegung des Gegenstandes zum Abnehmer.

Versendung

Versendung ist eine Beförderung durch einen beauftragten Dritten zum Abnehmer.

Verbringung

Bei der Verbringung verlässt der Gegenstand das Unternehmen nicht. Er wird lediglich aus einem Betriebsteil in einen anderen Betriebsteil überführt, was sich auch über Staatsgrenzen hinweg vollziehen kann.

Eine **innergemeinschaftliche Lieferung** liegt vor, wenn bei einer Lieferung oder Verbringung folgende **Voraussetzungen** erfüllt sind:

Beförderung, Versendung oder Verbringung

- der leistende Unternehmer oder der Abnehmer befördert oder versendet den Gegenstand der Lieferung in das übrige Gemeinschaftsgebiet, oder
- der leistende Unternehmer verbringt den Gegenstand in das übrige Gemeinschaftsgebiet, der Gegenstand verlässt hierbei nicht das Unternehmen des Unternehmers.

Abnehmer

Der Abnehmer ist ein Unternehmer, der den Liefergegenstand für sein Unternehmen erwirbt oder eine juristische Person, auch wenn sie nicht Unternehmer ist.

Abnehmer eines neuen Fahrzeuges

Bei der Lieferung eines neuen Fahrzeuges ist unerheblich, wer der Abnehmer ist. Es kann ein Unternehmer, oder eine Privatperson sein.

Besteuerung im Empfängerland

Der Erwerb des Gegenstandes einer Lieferung unterliegt beim Abnehmer im anderen Mitgliedstaat der dortigen Umsatzbesteuerung.

Lohnveredelung

Der Gegenstand der Lieferung darf durch Beauftragte vor der Beförderung oder Versendung in das übrige Gemeinschaftsgebiet bearbeitet oder verarbeitet werden.

Unrichtige Angaben des Abnehmers

Hat der Unternehmer eine Lieferung als steuerfrei behandelt, obwohl die Voraussetzungen nicht vorliegen, so ist die Lieferung gleichwohl als steuerfrei anzusehen, wenn die Inanspruchnahme der Steuerbefreiung auf unrichtigen Angaben des Abnehmers beruht und der Unternehmer die Unrichtigkeit dieser Angaben auch bei Beachtung der Sorgfalt eines ordentlichen Kaufmanns nicht erkennen konnte. In diesem Fall schuldet der Abnehmer die entgangene Steuer.

5.3.3 Voraussetzungen für die Umsatzsteuerbefreiung

Die gesetzliche Grundlage für eine umsatzsteuerfreie innergemeinschaftliche Lieferung sind insbesondere die §§ 4 Nr. 1 Buchstabe b UStG und 6a UStG sowie die §§ 17a bis 17d UStDV. Zu diesen strengen Regelungen hat das Bundesfinanzministerium (BMF) im Umsatzsteuer-Anwendungserlass (UStAE) ausführlich Stellung genommen.

Insbesondere werden die Voraussetzungen für das Vorliegen einer innergemeinschaftlichen Lieferung, die beleg- und buchmäßigen Pflichten zum Nachweis dieser Voraussetzungen sowie die Gewährung von Vertrauensschutz erläutert (vgl. u. a. Abschnitte 6a.1. bis 6a.8. UStAE). Diese Erläuterungen sollten unbedingt beachtet werden. Mögliche Fehler können noch Jahre später zu Umsatzsteuernachzahlungen führen.

Voraussetzungen für die innergemeinschaftliche Lieferung und damit für die Umsatzsteuerbefreiung sind:

1. Die gelieferte Ware gelangt von Deutschland in einen anderen EU-Mitgliedstaat (derzeit 27 Mitgliedstaaten).
2. Der Kunde ist ein Unternehmer (die Unternehmereigenschaft wird durch die im Zeitpunkt der Lieferung gültigen ausländischen USt-IdNr. dokumentiert – siehe Punkt 5).
3. Der Kunde hat die gelieferte Ware für sein Unternehmen erworben.

> *Hinweis:*
>
> Bestellt ein Unternehmer mit einer gültigen ausländischen USt-IdNr., so ist zu beachten, dass er die Ware für sein Unternehmen erwerben will; dies gilt auch für Handelsware. Abschn. 6a.1. Abs 13 UStAE regelt, dass von einem Erwerb der Ware für das Unternehmen des Kunden regelmäßig ausgegangen werden kann, wenn der Kunde mit einer ihm von einem anderen Mitgliedstaat erteilten, im Zeitpunkt der Lieferung gültigen USt-IdNr. auftritt und sich aus Art und Menge der erworbenen Ware keine berechtigten Zweifel an der unternehmerischen Verwendung ergeben.

4. Der Erwerb der Ware unterliegt beim Kunden in einem anderen EU-Mitgliedstaat den Vorschriften der Umsatzbesteuerung, d. h., der Kunde ist verpflichtet, in einem anderen EU-Mitgliedstaat die Erwerbsbesteuerung durchzuführen (diese Verpflichtung wird durch die gültige ausländische USt-IdNr. des Kunden dokumentiert).
5. Der Kunde hat gegenüber dem Lieferanten eine gültige ausländische USt-IdNr. verwendet.
6. Der Lieferant hat den Umsatz in seiner Zusammenfassenden Meldung (ZM) dem Bundeszentralamt für Steuern korrekt und fristgerecht auf elektronischem Weg übermittelt.

Bei innergemeinschaftlichen Lieferungen muss der Lieferant nachweisen, dass er oder der Abnehmer den Gegenstand der Lieferung in das übrige Gemeinschaftsgebiet befördert oder versendet hat. Dies muss sich aus den Belegen eindeutig und leicht nachprüfbar ergeben (§ 17a UStDV).

Sind sämtliche Voraussetzungen erfüllt und kann der Lieferant das Vorliegen dieser Voraussetzungen nachweisen, liegt in Deutschland eine **umsatzsteuerfreie innergemeinschaftliche Lieferung** vor. Der Lieferant stellt eine Rechnung ohne Umsatzsteuer aus.

5.3.4 Umsatzsteuer-Identifikationsnummer als Voraussetzungen für die Umsatzsteuerbefreiung

Auf der Rechnung müssen die USt-Identifikationsnummer des leistenden Unternehmers und des Leistungsempfängers angegeben werden (§ 14a Abs. 3 UStG). Durch das JStG 2019 gilt seit dem **01.01.2020**, dass die USt-IdNr. materiell-rechtliche Voraussetzung für die Steuerfreiheit ist (§ 6a Abs. 1 Satz 1 Nr. 4 UStG). Die Angabe der USt-IdNr. ist Voraussetzung, dass der Sachverhalt von der Umsatzsteuer befreit ist.

Tipp:

Der leistende Unternehmer sollte sich die Gültigkeit der USt-IdNr. sowie Name und Anschrift der Person, der die USt-IdNr. von einem anderen Mitgliedstaat erteilt hat, vom Bundeszentralamt für Steuern bestätigen lassen. Das Bestätigungsverfahren ist beim Bundeszentralamt für Steuern online möglich (*www.bzst.de*).

Merke:

Die USt-IdNr. sollte stets qualitativ über *www.bzst.de* geprüft werden, denn nur diese qualitative Prüfung ermöglicht einen **Vertrauensschutz**. Gerade in Ländern wie Spanien und Italien kann es passieren, dass die USt-IdNr. innerhalb kurzer Zeit die Gültigkeit verliert; daher ist es sehr zu empfehlen, die USt-IdNr. nicht nur bei Stammdatenanlage bzw. einmal im Jahr, sondern **bei jeder Lieferung** ins EU-/EWR-Land zu prüfen, um Umsatzsteuerrisiken zu vermeiden. Inzwischen ermöglichen Softwaremodule eine direkte elektronische Verknüpfung zum Bundeszentralamt für Steuern, so dass die Prüfung automatisiert erfolgen kann. Ohne ordnungsgemäße USt-IdNr. geht die Umsatzsteuerbefreiung verloren!

5.3.5 Zusammenfassende Meldung

Seit dem 01.01.2020 (Umsetzung der sog. Quick Fixes) ist die vollständige und richtige **Zusammenfassende Meldung** (sog. „ZM") zusätzliche Voraussetzung für die Steuerbefreiung (§ 4 Nr. 1 Buchst. b UStG und des § 6a UStG u. a. der Art. 138 MwStSystRL n. F.). Fehlt diese, oder ist diese unrichtig oder unvollständig, unterliegt der Sachverhalt der Umsatzsteuer. Eine fristgerechte Korrektur der ZM-Meldung (§ 18a Abs. 10 UStG) wirkt zurück auf den Zeitpunkt des Umsatzes. Dies bedeutet auch hier eine Verschärfung der bisherigen Regelungen, auf die unbedingt zu achten ist, um Umsatzsteuer-Risiken zu vermeiden.

Die Zusammenfassende Meldung ist die Basis für die Kontrolle der Besteuerung aller innergemeinschaftlichen Lieferungen und Dienstleistungen durch das in der EU geltende Mehrwertsteuer-Informations-Austausch-System (kurz: **MIAS-System**), vgl. §§ 18a, 26a Abs. 1 Nr. 5 UStG i. V. m. BMF-Schreiben vom 15. 06. 2010, IV D 3 – S 7427/08/10003-03; Abschn. 18a.1 ff. UStAE.

Die Mitgliedstaaten speichern die Informationen, die sie durch die Zusammenfassenden Meldungen erhalten, in elektronischen Datenbanken, um gegenseitig zu kontrollieren, ob die Umsatzsteuer in ordnungsgemäßer Höhe abgeführt worden ist.

Eine Zusammenfassende Meldung müssen grundsätzlich alle Unternehmer und Organgesellschaften (§ 2 Abs. 2 Satz 2 UStG i. V. m. § 18a Abs. 5 Satz 4 UStG) abgeben, die

- steuerfreie innergemeinschaftliche Warenlieferungen (§ 18a Abs. 6 UStG) getätigt haben,
- Lieferungen im Rahmen von innergemeinschaftlichen Dreiecksgeschäften (§ 25b Abs. 2 UStG) ausgeführt haben, oder
- Dienstleistungen erbracht haben, bei denen sich der Leistungsort nach dem Empfängerortsprinzip (§ 3a Abs. 2 UStG) richtet und für die der Leistungsempfänger die Steuer nach dem Reverse-Charge-Verfahren schuldet.

Die Zusammenfassende Meldung ist auf elektronischem Weg nach amtlich vorgeschriebenem Datensatz durch Datenfernübertragung authentifiziert zu übermitteln (§ 18a UStG). Das Online-Formular zur elektronischen Übermittlung der Zusammenfassenden Meldung (Abbildung 19) steht im ELSTER-Dienstleistungsportal der Finanzverwaltung und im BZStOnline-Portal[1] zur Verfügung. Eine einmalige Registrierung ist für die Nutzung dieser Portale erforderlich.

1 Vgl. *https://www.elster.de/bportal/start*, abgerufen am 14. 07. 2021.

Umsatzsteuer-Identifikationsnummer (USt-IdNr.) Bitte 9 Ziffern eintragen

01 D E _ _ _ _ _ _ _ _ _

Bundeszentralamt für Steuern
- Dienstsitz Saarlouis -

66738 Saarlouis

Zusammenfassende Meldung
über innergemeinschaftliche Warenlieferungen
und innergemeinschaftliche sonstige Leistungen
und innergemeinschaftliche Dreiecksgeschäfte

02 **20**

Unternehmer, Anschrift, Telefon (Angabe freiwillig)

(Bitte nur **einen Meldezeitraum** ankreuzen)

Jan.	April	Juli	Okt.
Feb.	Mai	Aug.	Nov.
März	Juni	Sept.	Dez.

Jan/Feb	April/Mai	Juli/Aug	Okt/Nov
1. Quart.	2. Quart.	3. Quart.	4. Quart.
Kalenderjahr			

Berichtigung (falls JA, bitte "x" eintragen) 03

Einlagebogen 04 Anzahl

Anzeige nach § 18a Abs. 1 UStG

☐ Die in § 18a Abs. 1 Satz 2 enthaltene Regelung nehme ich nicht in Anspruch. Ich gebe die ZM künftig monatlich ab. Diese Anzeige bindet mich bis zum Zeitpunkt des Widerrufes, mindestens aber für die Dauer von 12 Kalendermonaten.

☐ Widerruf meiner Anzeige nach § 18a Abs. 1 UStG

Ich versichere, die Angaben in dieser Zusammenfassenden Meldung wahrheitsgemäß nach bestem Wissen und Gewissen gemacht zu haben.

Hinweis:
Wer vorsätzlich oder leichtfertig entgegen seinen Verpflichtungen gem. § 18a Umsatzsteuergesetz (UStG) eine Zusammenfassende Meldung nicht, nicht richtig, nicht vollständig oder nicht rechtzeitig abgibt oder nicht bzw. nicht rechtzeitig berichtigt, handelt ordnungswidrig. Die Ordnungswidrigkeit kann mit einer Geldbuße bis zu 5.000 Euro geahndet werden (§ 26a UStG).

Bei der Anfertigung dieser ZM hat mitgewirkt:

Name, Anschrift, Telefon (Angabe freiwillig)

Datum, Unterschrift

Datenschutzhinweis:
Die mit der Zusammenfassenden Meldung angeforderten Daten werden aufgrund der §§ 149 ff. Abgabenordnung (AO) und § 18a UStG erhoben. Informationen über die Verarbeitung personenbezogener Daten in der Steuerverwaltung und über Ihre Rechte nach der Datenschutz-Grundverordnung sowie über Ihre Ansprechpartner in Datenschutzfragen entnehmen Sie bitte dem allgemeinen Informationsschreiben der Steuerverwaltung (https://www.bzst.de/Datenschutzinfo).

Abbildung 19: Formular Zusammenfassende Meldung
(Quelle: Bundeszentralamt für Steuern, abgerufen am 12.12.2021)

Informationen zur elektronischen Übermittlung der Zusammenfassenden Meldung und ausführliche Ausfüllhinweise/Anleitung finden sich auf der Internetseite *www.bzst.de.*

In der Zusammenfassenden Meldung (ZM) sind folgende Angaben zu machen:

- Angaben zum Meldepflichtigen (Umsatzsteuer-Identifikationsnummer, Name, Anschrift usw.).
- Umsatzsteuer-Identifikationsnummer des Erwerbers bzw. Leistungsempfängers.
- Für jeden einzelnen Erwerber oder Leistungsempfänger die Summe der Bemessungsgrundlagen der innergemeinschaftlichen Warenlieferungen oder der an ihn erbrachten steuerpflichtigen sonstigen Leistungen oder der Verbringung im Meldezeitraum. Bei Warenlieferungen ist das der Betrag, der auch in der Umsatzsteuer-Voranmeldung und -Erklärung angemeldet wird.
- Bei sonstigen Leistungen zusätzlich ein Hinweis auf § 3a Abs. 2 UStG.
- Beim Verbringen von Gegenständen des Unternehmers aus dem Inland in das übrige Gemeinschaftsgebiet zu seiner Verfügung zusätzlich die Umsatzsteuer-Identifikationsnummer des Unternehmers im anderen Mitgliedstaat und ein Hinweis auf das Vorliegen eines innergemeinschaftlichen Dreiecksgeschäfts.

> *Hinweis:*
> Anzahlungen sind in der ZM nicht zu melden.

Die Abgabe ist grundsätzlich bis zum 25. Tag nach Ablauf des Meldezeitraums erforderlich. Der Meldezeitraum ist grundsätzlich der Kalendermonat. Dies gilt unabhängig davon, ob der Unternehmer seine Umsatzsteuer-Voranmeldung monatlich oder quartalsweise abgibt oder ob eine Dauerfristverlängerung vorliegt.

In Ausnahmefällen beträgt der Meldezeitraum ein Kalenderjahr. Die Meldung erfolgt jeweils zum 25.01. des Folgejahrs. Dies ist u. a. dann gegeben, wenn

- die Summe aller Lieferungen und sonstigen Leistungen nicht höher war als 200.000,00 Euro.
- die Summe der innergemeinschaftlichen Warenlieferungen oder der im übrigen Gemeinschaftsgebiet ausgeführten steuerpflichtigen sonstigen Leistungen, für die der ansässige Leistungsempfänger die Steuer dort schuldet, war nicht höher als 15.000,00 Euro.
- in den innergemeinschaftlichen Warenlieferungen keine Lieferungen von Neuwagen an Abnehmer mit USt-IdNr. enthalten waren.
- von der Verpflichtung zur Abgabe von USt-Voranmeldungen und der Entrichtung von USt-Vorauszahlungen eine Befreiung besteht.

Alternativ kann auch ein Quartal als Meldezeitraum in Anspruch genommen werden. Dies ist dann gegeben, wenn der Unternehmer, bei denen die innergemeinschaftliche Warenlieferungen und Dreiecksgeschäfte in den letzten vier Kalendervierteljahren und auch im laufenden Kalendervierteljahr jeweils nicht mehr als 50.000 Euro ausgemacht haben. Die Meldung erfolgt dann zum 25. nach Ablauf des Kalendervierteljahrs (Abgabe bis zum 25.04., 25.07., 25.10., 25.01.).

Merke:

Innergemeinschaftliche sonstige Leistungen sind grundsätzlich nur vierteljährlich anzugeben. Eine monatliche Angabe ist nur dann vorgesehen, wenn derselbe Unternehmer seine innergemeinschaftlichen Lieferungen monatlich erklären muss (zum Beispiel wegen Überschreitung der Bagatellgrenze). In diesem Fall werden alle Angaben monatlich gemacht.

5.3.6 Nachweise bei Beförderung oder Versendung

Weitere Voraussetzung der Steuerfreiheiten für innergemeinschaftliche Lieferung ist das Vorliegen von gewissen Nachweisen, dass die Waren ins EU-/EWR-Land gelangt ist.

Nachweise in Beförderungsfällen:

- Doppel der Rechnung,
- Handelsüblicher Beleg, aus dem sich der Bestimmungsort ergibt, insbesondere Lieferschein,
- Empfangsbestätigung des Abnehmers oder seines Beauftragten sowie
- in den Fällen der Beförderung des Gegenstandes durch den Abnehmer durch eine Versicherung des Abnehmers oder seines Beauftragten, den Gegenstand der Lieferung in das übrige Gemeinschaftsgebiet zu befördern.

Nachweise im innergemeinschaftlichen Versandverfahren:

- Bestätigung der Abgangsstelle über die innergemeinschaftliche Lieferung, die nach Eingang des Rückscheins erteilt wird, sofern sich daraus die Lieferung in das übrige Gemeinschaftsgebiet ergibt, oder
- Abfertigungsbestätigung der Abgangsstelle in Verbindung mit einer Eingangsbescheinigung der Bestimmungsstelle im Übrigen Gemeinschaftsgebiet.

Nachweise in übrigen Versendungsfällen:

- Doppel der Rechnung und
- Versendungsbeleg (entsprechend § 10 Abs. 1 UStDV) zum Beispiel Bescheinigung des Spediteurs.

Mit dem JStG 2019 gelten ab dem 01.01.2020 neben dem Versendungs- und Beförderungsbeleg auch „**Sonstige Belege**“.

Die Übersicht erläutert die Nachweise (Tabelle 17).

Tabelle 17: Gelangensnachweise

Nachweise	
§ 17b Abs. 3 Satz 1 Nr. 1a) UStDV	a) Frachtbrief b) Konnossement
§ 17b Abs. 3 Satz 1 Nr. 3 UStDV	Bestätigung der Abgangsstelle über die innergemeinschaftliche Lieferung, die nach Eingang des Beendigungsnachweises für das Versandverfahren erteilt wird, sofern sich daraus die Lieferung in das übrige Gemeinschaftsgebiet ergibt.
§ 17a Abs. 2 Nr. 2 UStDV	a) Versicherungspolice für die Beförderung oder die Versendung des Gegenstands der Lieferung in das übrige Gemeinschaftsgebiet oder Bankunterlagen, die die Bezahlung der Beförderung oder der Versendung des Gegenstands der Lieferung in das übrige Gemeinschaftsgebiet belegen; b) Von einer öffentlichen Stelle (z. B. Notar) ausgestelltes offizielles Dokument, das die Ankunft des Gegenstands der Lieferung im übrigen Gemeinschaftsgebiet bestätigt; c) Bestätigung eines Lagerinhabers im übrigen Gemeinschaftsgebiet, dass die Lagerung des Gegenstands der Lieferung dort erfolgt.

5.3.7 Nachweiserfordernis durch die Gelangensbestätigung

Seit dem Jahr 2014 muss der Belegnachweis eine sog. Gelangensbestätigung enthalten (§ 17a UStDV). Liegt diese nicht vor, droht der Verlust der Steuerfreiheit. Es sollte daher stets die Gelangensbestätigung eingeholt werden (Abbildung 20).

Anlage 1 zum Umsatzsteuer-Anwendungserlass (zu Abschnitt 6a.4)

- Muster einer Gelangensbestätigung im Sinne des § 17a Abs. 2 Nr. 2 UStDV -

Bestätigung über das Gelangen des Gegenstands einer innergemeinschaftlichen Lieferung in einen anderen EU-Mitgliedstaat (Gelangensbestätigung)

___

(Name und Anschrift des Abnehmers der innergemeinschaftlichen Lieferung, ggf. E-Mail-Adresse)

Hiermit bestätige ich als Abnehmer, dass ich folgenden Gegenstand[1)] / dass folgender Gegenstand[1)] einer innergemeinschaftlichen Lieferung

___

(Menge des Gegenstands der Lieferung)

___

(handelsübliche Bezeichnung, bei Fahrzeugen zusätzlich die Fahrzeug-Identifikationsnummer)

im

___

(Monat und Jahr des Erhalts des Liefergegenstands im Mitgliedstaat, in den der Liefergegenstand gelangt ist, wenn der liefernde Unternehmer den Liefergegenstand befördert oder versendet hat oder wenn der Abnehmer den Liefergegenstand versendet hat)

___

(Monat und Jahr des Endes der Beförderung, wenn der Abnehmer den Liefergegenstand selbst befördert hat)

in / nach[1)]

___

(Mitgliedstaat und Ort, wohin der Liefergegenstand im Rahmen einer Beförderung oder Versendung gelangt ist)

erhalten habe / gelangt ist[1)].

___

(Datum der Ausstellung der Bestätigung)

___

(Unterschrift des Abnehmers oder seines Vertretungsberechtigten sowie Name des Unterzeichnenden in Druckschrift)

1) Nichtzutreffendes streichen.

Abbildung 20: Muster Gelangensbestätigung

(Quelle: Bundesministerium der Finanzen, *https://www.ihk-muenchen.de/ihk/documents/Recht-Steuern/Steuerrecht/Neuer-Ordner/muster-einer-gelangensbestaetigung-deutsch.pdf*, abgerufen am 12.12.2021)

Die **Gelangensbestätigung** muss die folgenden Angaben enthalten:

- den Namen und die Anschrift des Erwerbers,
- die Menge des Gegenstands der Lieferung und die handelsübliche Bezeichnung (einschließlich der Fahrzeug-Identifikationsnummer bei Fahrzeugen),
- den Ort und den Monat der Ankunft der Ware am Bestimmungsort,
- das Ausstellungsdatum der Bestätigung sowie
- die Unterschrift des Erwerbers oder eines von ihm zur Abnahme Beauftragten. Bei einer elektronischen Übermittlung der Gelangensbestätigung ist eine Unterschrift nicht erforderlich, sofern erkennbar ist, dass die elektronische Übermittlung im Verfügungsbereich des Abnehmers oder des Beauftragten begonnen hat.

> *Hinweis:*
>
> Es sind auch **Sammelbestätigungen** (zum Beispiel für alle Lieferungen eines Monats bzw. eines Quartals) möglich. Außerdem darf die Gelangensbestätigung aus mehreren Dokumenten bestehen. Es ist also zulässig, auf der Gelangensbestätigung einen Bezug auf andere Dokumente (zum Beispiel Rechnung, Lieferschein) herzustellen.

Da sich die Gelangensbestätigung nur schwer in der Praxis anfangs durchsetzen konnte, sind folgende Alternativnachweise in Abhängigkeit vom vorliegenden Geschäftsvorfall möglich.

a) **Versand vom Lieferanten veranlasst**
In diesem Fall wäre die **„Spediteurbescheinigung"** der naheliegende Beleg.

b) **Versand vom Abnehmer veranlasst**
Hier kann der im Moment der Übergabe unterzeichnete **Frachtbrief** verwendet werden. Daneben muss geprüft werden, ob die Lieferung **vom Bankkonto des Abnehmers bezahlt** wurde (diesbezüglich können vertragliche Vereinbarungen getroffen werden) und ob begründete Zweifel vorliegen, dass die Ware nicht ins Bestimmungsland überführt wird (sollte dies der Fall sein, müssen zudem weitere Sorgfaltspflichten erfüllt werden).

c) **Abholung durch den Kunden**
In diesem Fall muss stets eine **Gelangensbestätigung** eingeholt werden.

d) **Eigenbeförderung**
Auch hier ist stets eine **Gelangensbestätigung** erforderlich. Im Falle der Eigenbeförderung sollten allerdings bei der Ausstellung der Gelangensbestätigung kaum Probleme auftreten.

e) **Versand über Paket-/Kurierdienstleister**
Wird über einen Paket- oder Kurierdienstleister versendet, der ein **Tracking-and-Tracing-Protokoll** anbietet, müssen neben diesem keine weiteren Nachweise eingeholt werden.

f) **Versand über Postdienstleister**
Liegt ein **Nachweis über die Bezahlung** der Lieferung (egal ob bar oder unbar) vor, muss lediglich die **Zustellungsbestätigung des Postdienstleis-**

ters eingeholt werden. Ansonsten kann die Ware ohne weitere Nachweise versendet werden.

Weitere Erleichterungen sind:

- Es steht den Unternehmen frei, den anerkannten Nachweis mit allen geeigneten Belegen und Beweismitteln zu führen.
- Intercompany Clearing wird als Zahlungsnachweis nach § 17a Abs. 3 Nr. 2 UStDV anerkannt.
- Die auf elektronischem Wege erhaltene Gelangensbestätigung darf für umsatzsteuerliche Zwecke auch in ausgedruckter Form aufbewahrt werden.
- Es werden Vorlagen für eine Gelangensbestätigung in drei verschiedenen Sprachen (Deutsch, Englisch, Französisch) zur Verfügung gestellt.

Aufgrund der verschiedenen Sonderfälle stellt sich für die Unternehmen die Frage, wie sie künftig den Belegnachweis für innergemeinschaftliche Lieferungen handhaben sollen. Die Entscheidung, welche der verschiedenen Alternativen genutzt werden soll, ist strategischer Natur und wird in der Regel vor dem Hintergrund einer vorsichtigen Kosten-Nutzen-Abwägung getroffen werden. Dabei werden Unternehmen unterschiedlicher Branchen und Größenklassen teilweise zu völlig unterschiedlichen Ergebnissen kommen. Insofern ist es begrüßenswert, dass der Gesetzgeber den Anwendern verschiedene Alternativen offenlässt. So kann jedes Unternehmen die individuell für sich beste Entscheidung treffen.

Die Erfahrungen in der Praxis zeigte, dass sich viele Unternehmen für das Einholen einer monatlichen Sammelgelangensbestätigung per E-Mail entschieden haben. Auf diese Weise können diese Unternehmen sowohl die Unterschriftsproblematik als auch die Nachverfolgung jeder einzelnen Lieferung umgehen. Auf das elektronische Format kommt es dabei nicht an. So kann die Gelangensbestätigung beispielsweise per E-Mail, als PDF- oder Textdatei im Anhang einer E-Mail oder als Download bereitgestellt werden. Wichtig ist allerdings, dass für den liefernden Unternehmer erkennbar ist, dass die elektronische Übermittlung der Gelangensbestätigung im Verfügungsbereich des Abnehmers begonnen hat. Das bedeutet, es muss erkennbar sein, dass es sich bei dem Absender der E-Mail um den Abnehmer oder um einen Beauftragten des Abnehmers handelt. Ob die E-Mail aus dem Verfügungsbereich des Abnehmers stammt, ergibt sich beispielsweise aus dem Domänenteil einer dienstlichen E-Mail-Adresse. Stimmt diese mit dem Abnehmer überein, kann davon ausgegangen werden, dass die Gelangensbestätigung von einer dazu beauftragten Person stammt. Schon aus diesem Grund wird bei vielen Anwendern die E-Mail das bevorzugte Format sein.

Für viele Unternehmen wird es nicht sinnvoll sein, den Belegnachweis für sämtliche innergemeinschaftliche Lieferungen pauschal anhand der beschriebenen E-Mail-Sammelbestätigung zu führen. Insbesondere Exporteure mit vielen kleinen Einzelkäufern oder solche, die nicht auf die Zuverlässigkeit ihrer

Abnehmer bei der Übersendung der monatlichen Bestätigung vertrauen können, werden nach anderen Lösungen suchen müssen.

Alternativ kann ein Exporteur seine innergemeinschaftlichen Lieferungen ins EU-Ausland in verschiedene Versandgruppen aufteilen, für die jeweils unterschiedliche Vorgaben gelten. Zu den Lieferungen der jeweiligen Versandgruppen muss dann der benötigte Belegnachweis eingeholt werden.

Mit dem JStG 2019 wurde ab dem 01.01.2020 eine sog. Gelangensvermutung nach § 17a UStDV eingeführt. Eine Steuerbefreiung im Rahmen einer innergemeinschaftlichen Lieferung erfolgt nur, wenn zwei von unterschiedlichen – vom Verkäufer und vom Käufer unabhängigen – Parteien ausgestellte sich nicht widersprechende Belege als Nachweis vorliegen. Demnach sind folgende Nachweise zu erbringen (Abbildung 21).

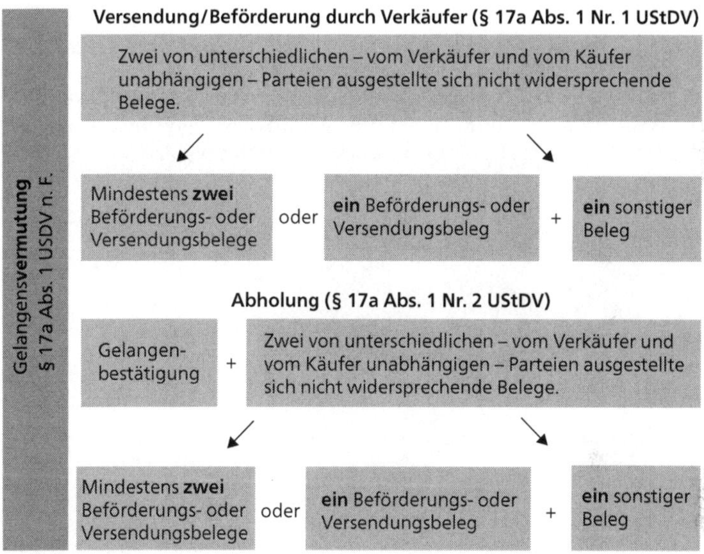

Abbildung 21: Übersicht Nachweise betreffend die Gelangensvermutung
(Quelle: Eigene Darstellung)

Besteht keine Vermutung nach § 17a Abs. 1 UStDV, hat der Unternehmer nachzuweisen, dass er oder der Abnehmer den Gegenstand in das übrige Gemeinschaftsgebiet befördert oder versendet hat. Lt. Gesetzesbegründung zu § 17b Abs. 1 Satz 1 UStDV wird klargestellt, dass die bisherigen Möglichkeiten der Nachweisführung neben der EU-einheitlichen Vermutungsregelung fortbestehen.

Hinweis:

Der Lieferant muss die Voraussetzungen für die Umsatzsteuerbefreiung einer innergemeinschaftlichen Lieferung buchmäßig nachweisen (u. a. durch Aufzeichnung der ausländischen USt-IdNr. des Kunden und durch Aufzeichnung des Gewerbezweigs oder Berufs des Kunden; vgl. § 17d UStDV). Die einzelnen Voraussetzungen müssen für jede innergemeinschaftliche Lieferung eindeutig und leicht nachprüfbar aus der Buchführung zu ersehen sein (vgl. § 17d UStDV und Abschnitt 6a.7. UStAE).

5.3.8 Buchung bei innergemeinschaftlicher Lieferung

Die Buchung der innergemeinschaftlichen Lieferung erfolgt ohne Umsatzsteuer, wenn sämtliche oben genannten Voraussetzungen hierzu erfüllt sind (§ 6a UStG; § 4 Abs. 1 Nr. 1 Buchst. b UStG). Vgl. Abbildung 22.

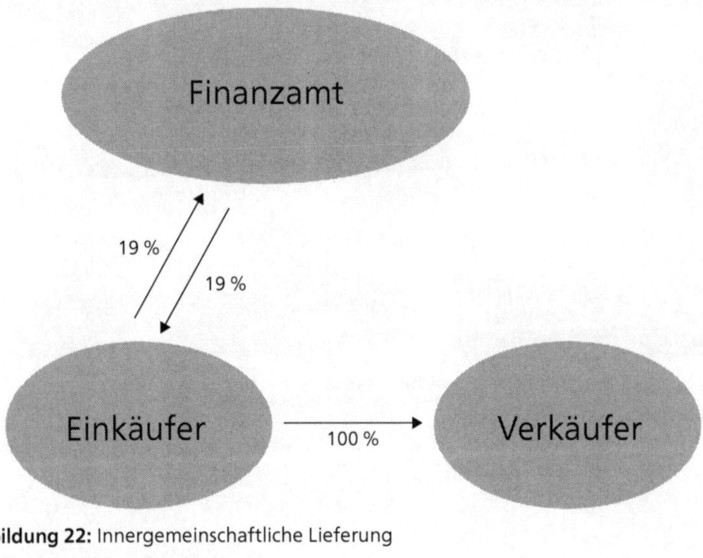

Abbildung 22: Innergemeinschaftliche Lieferung
(Quelle: Eigene Darstellung)

Beispiel:

Verkauf von Waren ins EU-Land für 10.000,00 Euro. Alle Nachweise sind erbracht.

Buchungen bei Lieferung:

10 000	Debitor	10.000,00 Euro	an 4126	steuerfreie innergemeinschaftl. Lieferung	10.000,00 Euro

Buchung bei Zahlung unter Skontoabzug von 3 % Skonto:

1800	Bank	9.700,00 Euro	an 10 000	Debitor	10.000,00 Euro
4724	gewährte Skonti (steuerfrei)	300,00 Euro			

5.3.9 Rechnung

Die Rechnungsstellung erfolgt ohne Berechnung einer Umsatzsteuer, weder der deutschen USt, noch der ausländischen USt. Neben den Pflichtangaben muss die Rechnung zusätzlich folgende Punkte berücksichtigen (§ 14a UStG und Abschn. 14a.1. UStAE); vgl. Muster in Abbildung 22a:

- Die deutsche USt-IdNr. des Lieferanten (Rechnungsaussteller),
- die gültige ausländische USt-IdNr. des Kunden (Rechnungsempfänger),
- einen Hinweis auf die Steuerfreiheit der Lieferung (zum Beispiel „innergemeinschaftliche Lieferung").

Hinweis:

Eine allgemeine Formulierung wie „steuerfreie innergemeinschaftliche Lieferung" ohne Nennung des Paragraphen ist allgemein anerkannt.

Abbildung 22a: Pflichtangaben bei innergemeinschaftlicher Lieferung
(Quelle: Eigene Darstellung)

Der Unternehmer, der eine innergemeinschaftliche Lieferung ausführt, ist **bis zum 15. Tag** des Monats, der auf den Monat der Umsatzausführung folgt, zur Ausstellung einer Rechnung verpflichtet. Erfolgt die Lieferung bspw. im Februar, muss die Rechnung bis 15. März ausgestellt sein.

Für innergemeinschaftliche **Fahrzeuglieferungen** sieht § 14a UStG zusätzliche Rechnungsangaben vor.

5.3.10 Abrechnung in fremder Währung

Erfolgt die Abrechnung in ausländischer Währung, muss der Rechnungsbetrag für umsatzsteuerliche Zwecke in Euro umgerechnet werden. Umrechnungen können entweder nach den amtlichen Briefkursen, die das Bundesfinanzministerium monatlich als Durchschnittskurse (Umsatzsteuer-Umrechnungskurse) bekannt gibt, erfolgen oder – mit Genehmigung des Finanzamtes – nach den Tageskursen, die durch Bankmitteilung oder Kurszettel nachzuweisen sind (vgl. § 16 Abs. 6 UStG und Abschnitt 16.4. UStAE).

5.3.11 Vorsteuerabzug

Trotz Umsatzsteuerbefreiung der innergemeinschaftlichen Lieferung, darf der Lieferant die ihm im Zusammenhang mit einer steuerfreien innergemeinschaftlichen Lieferung in Rechnung gestellten deutschen Umsatzsteuerbeträge grundsätzlich als Vorsteuer abziehen (zum Beispiel die Umsatzsteuer, die ihm der Vorlieferant der umsatzsteuerfrei in einen anderen EU-Mitgliedstaat weitergelieferten Ware berechnet, die Umsatzsteuer für Transportkosten u. ä.). Die Steuerbefreiung von innergemeinschaftlichen Lieferungen schließt den Vorsteuerabzug nicht aus (§ 15 Abs. 3 Nr. 1 Buchstabe a UStG).

5.3.12 Meldungen

Der Gesamtbetrag der Entgelte für umsatzsteuerfreie innergemeinschaftlichen Lieferungen sind jeweils in der Umsatzsteuer-Voranmeldung und der Umsatzsteuererklärung gesondert anzugeben (§ 18b UStG).

Des Weiteren sind die Entgelte monatlich in der Zusammenfassenden Meldung (ZM) dem Bundeszentralamt für Steuern auf elektronischem Weg zu übermitteln (§ 18a UStG). § 18a UStG enthält weitere Regelungen zur ZM, u. a. auch, in welchen Fällen die ZM nur vierteljährlich abgegeben werden muss.

Überschreiten die Lieferungen in andere EU-Staaten 500.000,00 Euro im Vorjahr, sind die Umsätze im Rahmen der Intrahandelsstatistik dem Statistischen Bundesamt in Wiesbaden mitzuteilen (unter Anhang 3 der Anleitung zum Ausfüllen des Intrastat-Vordruck N-Versendung). Wird die vorgenannte Wertgrenze erst im laufenden Kalenderjahr überschritten, so beginnt die Meldepflicht mit dem Monat, in dem die Schwelle überschritten wurde, d. h. für diesen Monat ist die erste statistische Meldung abzugeben.

5.4 Verkauf ins Drittland (Ausfuhr)

5.4.1 Allgemeines

Eine Ausfuhrlieferung liegt vor, wenn bei einer Lieferung

1. der **Unternehmer** den Gegenstand der Lieferung in das Drittlandsgebiet, befördert oder versendet hat oder
2. der **Abnehmer** den Gegenstand der Lieferung in das Drittlandsgebiet befördert oder versendet hat und er **ein ausländischer Abnehmer** ist.

> *Hinweis: Ausländischer Abnehmer ist*
> - ein Abnehmer, der einen Wohnort oder Sitz im Ausland hat, oder
> - eine ausländische Zweigniederlassung eines im Inland ansässigen Unternehmers, wenn sie das Umsatzgeschäft im eigenen Namen abgeschlossen hat.

Sonderregelungen bestehen für Lieferungen in Freihäfen, Watten usw., Lieferungen zur Ausrüstung eines Beförderungsmittels eines ausl. Abnehmers, Beförderung durch den Abnehmer im persönlichen Reisegepäck für private Zwecke, auf die aber im Weiteren nicht eingegangen wird.

Die gesetzliche Grundlage für eine umsatzsteuerfreie Ausfuhrlieferung sind insbesondere die Regelungen in §§ 4 Nr. 1 Buchst. a und 6 UStG sowie die Regelungen in §§ 8 bis 17 UStDV. Zu diesen strengen Regelungen hat das Bundesfinanzministerium (BMF) im Umsatzsteuer-Anwendungserlass (UStAE) ausführlich Stellung genommen. Insbesondere werden die Voraussetzungen für das Vorliegen einer Ausfuhrlieferung, das elektronische Ausfuhrverfahren (ATLAS-Ausfuhr) sowie die beleg- und buchmäßigen Pflichten zum Nachweis der Voraussetzungen erläutert (vgl. insbesondere Abschnitte 6.1. bis 6.12. UStAE). Diese Erläuterungen sollten unbedingt beachtet werden. Mögliche Fehler können noch Jahre später zu Umsatzsteuernachzahlungen führen.

Sind sämtliche Voraussetzungen erfüllt und kann der Lieferant das Vorliegen dieser Voraussetzungen nachweisen, liegt in Deutschland eine **umsatzsteuerfreie Ausfuhrlieferung** vor. Der Lieferant stellt eine Rechnung ohne Umsatzsteuer aus.

Dies gilt auch in den Fällen, in denen die gelieferte Ware nicht direkt in Drittlandsgebiet ausgeführt, sondern vor der Ausfuhr dorthin durch einen oder mehrere Beauftragte des Kunden bearbeitet oder verarbeitet worden ist.

Erbringt der Lieferant in Verbindung mit der umsatzsteuerfreien Ausfuhrlieferung **handelsübliche Nebenleistungen** (zum Beispiel Verpackung, Transport und/oder Versicherung der Ware), so sind diese Nebenleistungen **ebenfalls umsatzsteuerfrei**. Es greift der Grundsatz, dass Nebenleistungen das umsatzsteuerrechtliche Schicksal der Hauptleistung teilen" (vgl. Abschnitt 3.10. Abs. 5f Umsatzsteuer-Anwendungserlass – UStAE).

Ähnliches gilt für **sog. Lohnveredelungen**. Eine Lohnveredelung ist eine Werkleistung und stellt die Be- oder Verarbeitung von Material im Rahmen eines Werkvertrags dar. Das Material verbleibt dabei regelmäßig in der Verfügungsmacht des Auftraggebers. Die Lohnveredelung an einem Gegenstand der Ausfuhr ist von der Umsatzsteuer befreit (vgl. § 4 Nr. 1 Buchst. a UStG i. V. m. § 7 UStG), wenn die Be- und Verarbeitung im Inland ausgeführt wurde und daher steuerbar in Deutschland ist. Der be- und verarbeitete Gegenstand kann durch weitere Beauftragte von der Ausfuhr be- und verarbeitet worden sein.

5.4.2 Nachweise bei Ausfuhrlieferungen ins Drittland

Der Lieferant ist verpflichtet, durch Belege eindeutig, und leicht nachprüfbar nachzuweisen, dass die gelieferte Ware tatsächlich ins Drittlandsgebiet gelangt ist (belegmäßiger Ausfuhrnachweis; vgl. § 8 ff UStDV – i. V. m. Abschn. 6.5. bis 6.9. UStAE).

> *Beachte:*
>
> Nur wenn diese Nachweise vorliegen, ist die Ausfuhrlieferung von der Umsatzsteuer befreit.

Die betreffenden Bestimmungen sind nachfolgend aufgeführt.

- UStDV § 8 Grundsätze für den Ausfuhrnachweis bei Ausfuhrlieferungen
- UStDV § 9 Ausfuhrnachweis bei Ausfuhrlieferungen in Beförderungsfällen
- UStDV § 10 Ausfuhrnachweis bei Ausfuhrlieferungen in Versendungsfällen
- UStDV § 11 Ausfuhrnachweis bei Ausfuhrlieferungen in Bearbeitungs- und Verarbeitungsfällen
- UStDV § 12 Ausfuhrnachweis bei Lohnveredelungen an Gegenständen der Ausfuhr
- UStDV § 13 Buchmäßiger Nachweis bei Ausfuhrlieferungen und Lohnveredelungen an Gegenständen der Ausfuhr
- UStDV § 17 Abnehmernachweis bei Ausfuhrlieferungen im nichtkommerziellen Reiseverkehr

Seit 2012 besteht grundsätzlich eine Pflicht zur Teilnahme am elektronischen Ausfuhrverfahren (sog. zollrechtliche ATLAS-Ausfuhr). Alternativnachweise sind zulässig, wenn sich aus der Gesamtheit der Belege die Ausfuhr eindeutig und leicht nachprüfbar ergibt und sich die buchmäßig nachzuweisenden Voraussetzungen eindeutig und leicht nachprüfbar aus der Buchführung ersehen lässt.

Wird die Ausfuhrlieferung im elektronischen Ausfuhrverfahren **ATLAS-Ausfuhr** angemeldet, hat der Lieferant den Transport der gelieferten Ware ins Drittlangebiet durch den Ausgangs- oder Alternativ-Ausgangsvermerk nachzuweisen (§§ 9, 10 UStDV). Dies gilt für Beförderungen als auch für Versendungen durch Spediteur.

Ist es im **Versendungsfall** nicht möglich bzw. zumutbar, den Ausfuhrnachweis zu führen, kann die Ausfuhr mit der sog. **Spediteur-Bescheinigung** nachgewiesen werden. Weitere Versendungsbelege werden meist ebenso akzeptiert, wie zum Beispiel der handelsrechtliche Frachtbrief, das Konnossement, der Einlieferungsschein für im Postverkehr beförderte Sendungen oder deren Doppelstücke. In diesen Fällen sollte der Beleg zusätzlich die Versendungsbezugsnummer der Auftragsanmeldung (Movement Reference Number – MRN) enthalten (vgl. § 10 Abs. 3 UStDV).

Werden Ausfuhren nicht elektronisch angemeldet, erfolgt der Naschweis durch die o. g. Versendungsbelege (§ 10 Abs. 1 Nr. 2 UStDV i. V. m. Abschn. 6.7 UStAE).

Werden **Beförderungen** nicht elektronisch gemeldet, muss der Lieferant den Nachweis durch eine Ausfuhrbestätigung der Grenzzollstelle eines Mitgliedstaates, die den Ausgang des Gegenstandes aus dem Gemeinschaftsgebiet überwacht, erbringen (§ 9 UStDV i. V. m. Abschn. 6.6. UStAE).

> *Hinweis:*
>
> Der Belege der Zollstelle sollten den Namen und die Anschrift des Lieferanten, die handelsübliche Bezeichnung und die Menge der ausgeführten Waren sowie den Ort und den Tag der Ausfuhr enthalten (§ 9 Abs. 1 Nr. 2 UStDV).

Sonderregelungen gelten bei der Ausfuhr von Fahrzeugen, die für den Straßenverkehr zugelassen sind.

Wird die gelieferte Ware vor der Ausfuhr ins Drittland von einem oder mehreren Beauftragten des Kunden bearbeitet oder bearbeitet (Lohnveredelung), soll diese Be- oder Verarbeitung vom Lieferanten zusätzlich nachgewiesen werden (§§ 11 UStDV i. V. m. Abschn. 6.8 UStAE).

> *Hinweis:*
>
> Der Lieferant muss die Ausfuhrlieferung buchmäßig nachweisen, um die Umsatzsteuerbefreiung zu sichern. Die einzelnen Voraussetzungen müssen für jede Ausfuhrlieferung eindeutig und nachprüfbar aus der Buchführung ersichtlich sein (§§ 13 UStDV i. V. m. Abschn. 6.10 UStAE).

5.4.3 Buchung bei der Ausfuhr ins Drittland

Die Buchung der innergemeinschaftlichen Lieferung erfolgt ohne Umsatzsteuer, wenn sämtliche oben genannten Voraussetzungen hierzu erfüllt sind (§ 6 UStG; § 4 Abs. 1 Nr. 1 Buchst. a UStG). Vgl. Abbildung 23.

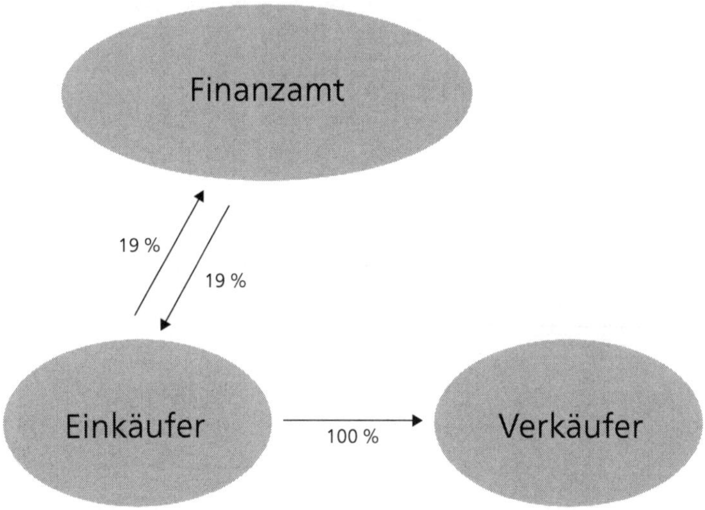

Abbildung 23: Ausfuhr
(Quelle: Eigene Darstellung)

Beispiel:

Verkauf von Waren für 10.000,00 Euro ins Drittland auf Ziel.

Buchungen bei Lieferung:

10 000	Debitor	10.000,00 Euro	an 4120	Steuerfreie Erlöse Ausfuhr	10.000,00 Euro

Buchung bei Zahlung unter Skontoabzug von 3 % Skonto:

1800	Bank	9.700,00 Euro	an 10 000	Debitor	10.000,00 Euro
4730	Gewährte Skonti (steuerfrei)	300,00 Euro			

5.4.4 Anforderungen an die Rechnung

Die Rechnung über eine umsatzsteuerfreie Ausfuhrlieferung wird ohne Umsatzsteuer ausgestellt. Neben den üblichen Angaben muss die Rechnung einen Hinweis auf die Umsatzsteuerfreiheit der Lieferung enthalten (zum Beispiel „umsatzsteuerfreie Ausfuhrlieferung"; vgl. Muster in Abbildung 23a).

Mustermann GmbH
Musterstrasse 15
99999 Musterstadt
USt.-Id.Nr. DE 123456789

An
Schneebeli AG
Am Zürich-See 12
CH-8088 Zürich

10.02.20XX

Rechnung Nr. 08/15
Leistungsdatum: 15.01.20XX

	Gesamtbetrag
2.000 Stück Schraubzwingen (Art. Nr. 007)	20.000,00 EUR

Hinweis auf die Steuerbefreiung → Steuerfreie Ausfuhrlieferung

Bitte überweisen Sie den
Rechnungsbetrag netto bis zum ...
Kto: XXX BLZ XXX

Abbildung 23a: Pflichtangaben bei Lieferung ins Drittland
(Quelle: Eigene Darstellung)

5.4.5 Umrechnung in fremder Währung

Erfolgt die Abrechnung in fremder Währung, muss der Rechnungsbetrag für umsatzsteuerliche Zwecke in Euro umgerechnet werden. Umrechnungen können entweder nach den amtlichen Briefkursen, die das Bundesfinanzministerium monatlich als Durchschnittskurse (Umsatzsteuer-Umrechnungskurse) bekannt gibt, erfolgen oder – mit Genehmigung des Finanzamtes – nach den Tageskursen, die durch Bankmitteilung oder Kurszettel nachzuweisen sind (vgl. § 16 Abs. 6 UStG i. V. m. Abschn. 16.4. UStAE).

5.4.6 Entgelt

Der Gesamtbetrag der Entgelte für seine umsatzsteuerfreien Ausfuhrlieferungen zzgl. der umsatzsteuerfreien Umsätze aus zum Beispiel Lohnveredelungen an Gegenständen der Ausfuhr sind in seiner Umsatzsteuer-Voranmeldung und Umsatzsteuererklärung gesondert angeben.

5.4.7 Vorsteuerabzug

Trotz Umsatzsteuerbefreiung von Ausfuhrlieferungen wird der Vorsteuerabzug nicht ausgeschlossen. So darf der Lieferant – soweit er vorsteuerabzugsberechtigt ist – die deutschen Umsatzsteuerbeträge, die ihm im Zusammenhang mit einer umsatzsteuerfreien Ausfuhrlieferung berechnet werden, in seiner deutschen Umsatzsteuer-Voranmeldung als Vorsteuer abziehen (vgl. § 15 Abs. 3 Nr. 1 Buchstabe a UStG).

5.5 Reverse Charge nach § 13b UStG

5.5.1 Allgemeines

Reverse Charge bedeutet, dass eine Verlagerung der Steuerschuldnerschaft auf den Leistungsempfänger erfolgt. Durch den Wechsel der Steuerschuld vereinigen sich Umsatzsteuerschuld und Vorsteuerabzug beim Leistungsempfänger. Ziel und Zweck des Reverse-Charge-Verfahrens ist es u. a., Steuerausfälle zu vermeiden (Abbildung 24).

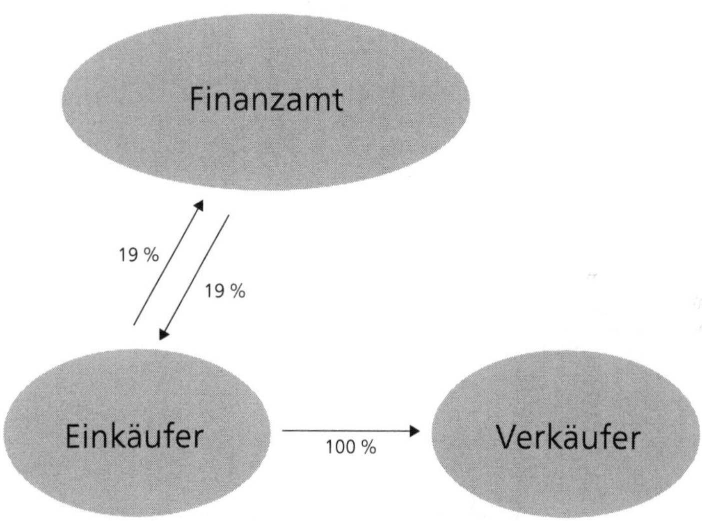

Abbildung 24: Reverse-Charge-Verfahren
(Quelle: Eigene Darstellung)

Bezüglicher der allgemeinen Voraussetzungen, Anwendungsfällen und Folgen verweise ich auf die Angaben unter 4.5 Reverse Charge nach § 13b UStG.

5.5.2 Berechnung und Anmeldung

Der Leistungsempfänger muss die Steuer berechnen.

Die Steuer ist in der USt-Voranmeldung des Leistungsempfängers anzugeben (Sollprinzip) und zur entsprechenden Fälligkeit abzuführen (Vgl. Muster in Abbildung 24a). Der Leistungsempfänger erhält grundsätzlich den Vorsteuerabzug nach den normalen diesbezüglichen Regelungen.

> *Merke:*
> Wer 13b-Leistungen erbringt, erstellt Netto-Rechnungen, da der Leistungsempfänger die Umsatzsteuer selbst berechnen und abführen muss.

Mustermann GmbH
Musterstrasse 15
99999 Musterstadt
USt.-Id.Nr. DE 123456789

An
Herrn Müller
Veilchenweg 9
77777 XY Stadt

10.02.20XX

Rechnung Nr. 08/15
Leistungsdatum: 31.01.20XX

Gesamtbetrag

Bauleistung gem. Vertrag XY

Hinweissatzpflicht: Steuerschuldnerschaft des Leistungsempfängers → Steuerschuldnerschaft des Leistungsempfängers

Bitte überweisen Sie den Rechnungsbetrag netto bis zum ...
Kto: XXX BLZ XXX

Abbildung 24a: Pflichtangaben bei Reverse-Charge im Inland
(Quelle: Eigene Darstellung)

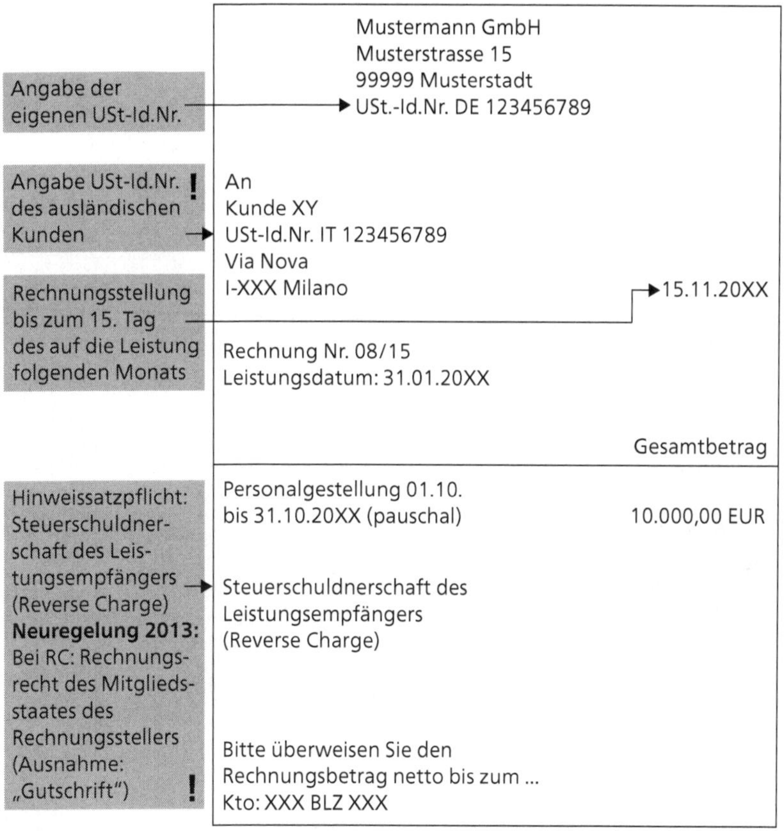

Abbildung 24b: Reverse-Charge-Rechnung an einen Kunden im EU/EWR Land
(Quelle: Eigene Darstellung)

Angabe der eigenen USt-Id.Nr. →

Mustermann GmbH
Musterstrasse 15
99999 Musterstadt
USt.-Id.Nr. DE 123456789

An
Ausland AG
YX Strasse 13
CH-47111 Luzern

10.02.20XX

Rechnung Nr. 08/15
Leistungsdatum: 31.01.20XX

	Gesamtbetrag
Personalgestellung 01.01. bis 31.01.20XX (pauschal)	10.000,00 EUR

Hinweistext ggf. in Abhängigkeit vom Recht des Drittstaates: Steuerschuldnerschaft des Leistungsempfängers ist nicht zwingend; Hinweis, dass Leistung in Deutschland nicht steuerbar ist, ist gesetzlich nicht vorgeschrieben aber ggf. sinnvoll →

[Umsatz in Deutschland nicht steuerbar]
oder Hinweis auf Reverse Charge

Bitte überweisen Sie den
Rechnungsbetrag netto bis zum ...
Kto: XXX BLZ XXX

Abbildung 24c: Reverse-Charge-Rechnung an einen Kunden im Drittland
(Quelle: Eigene Darstellung)

5.5.3 Buchung von Reverse-Charge-Sachverhalten

Grundsätzlich ist zu unterscheiden, ob eine Dienstleistung an einen im Gemeinschaftsgebiet ansässigen Unternehmer erfolgt oder ob es sich um die zuvor erklärten Katalogleistungen handelt.

Bei Dienstleistungen an ausländische Unternehmer (**B2B-Fall**), bei denen das Reverse-Charge-Verfahren greift, stellt der inländische Unternehmer eine Netto-Rechnung mit Verweis auf Reverse Charge. Der ausländische Unternehmer übernimmt die Umsatzbesteuerung.

Beispiel:

Beratung eines Kunden (Unternehmer) in Spanien. Die Rechnung lautet auf 10.000,00 Euro netto.

Lösung:

Es handelt sich um eine Dienstleistung an einen im Gemeinschaftsgebiet ansässigen Unternehmer (B2B-Fall). Demnach ist der Besteuerungsort im Ausland (§ 3a UStG). Der Vorgang fällt unter das Reverse-Charge-Verfahren, so dass der Leistungsempfänger die Umsatzsteuer in Spanien schuldet. Dies bedeutet, dass die Rechnung vom deutschen Unternehmer ohne Umsatzsteuer auszuweisen ist.

Buchung:

10 000	Debitor	10.000,00 Euro	an 4336	Erlöse isd § 13b UStG	10.000,00 Euro

Liegt statt einer Dienstleistung eine sog. **Katalogleistung i. S. d. § 13b Abs. 2 UStG** vor, ist der Sachverhalt ebenso also Netto-Erlös darzustellen.

Beispiel:

Lieferung von Metallen i. S. d. § 13b Abs. 2 UStG in Höhe von 10.000,00 Euro netto.

Buchung:

10 000	Debitor	10.000,00 Euro	an 4335	Erlöse 13b Abs. 2 UStG	10.000,00 Euro

Buchung bei Zahlung unter Skontoabzug von 3 % Skonto:

1800	Bank	9.700,00 Euro	an 10 000	Debitor	10.000,00 Euro
4738	Gewährte Skonti (§ 13b UStG)	300,00 Euro			

6. Rechtliche Grundlagen

6.1 Kaufvertragsrecht

6.1.1 Mangel

Nach § 433 BGB muss die Kaufsache mangelfrei übergeben werden (§ 433 BGB). Die Unterscheidung von Sach- und Rechtsmängeln entfällt.

Ist ein Mangel vorhanden, ist die wichtigste Rechtsfolge (§ 437 ff. BGB) das Nacherfüllungsrecht des Käufers.

Nach Fristsetzung zur Nacherfüllung und erfolglosem Fristablauf bestehen folgende „Heilungsmöglichkeiten“:

- Rücktritt vom Vertrag (Wandlung) (Rückbuchung: Erlöse + USt an Debitor)
- Minderung (Rückbuchung: Erlöse + USt an Debitor)
- Schadenersatz (umsatzsteuerlich nicht steuerbar!)
- Ersatz vergeblicher Aufwendungen (§ 284 BGB) (umsatzsteuerlich nicht steuerbar!)

Im Weiteren folgen weitere wichtige Fachbegriffe, die in diesem Zusammenhang zu klären sind:

Gewährleistungsfrist

Anhebung der Verjährung von Mängelansprüchen bei beweglichen Sachen auf zwei Jahre, (vorher sechs Monate) gemäß § 438 Abs. 1 Nr. 3 BGB.

Beweislastumkehr § 476 BGB

Innerhalb der ersten sechs Monate hat der Verkäufer zu beweisen, dass die Kaufsache frei von Mängeln war.

Versendungskauf §§ 474 und 447 BGB

Gegenüber Nichtverbrauchern trägt die Frachtperson für Beförderungsschäden, gegenüber privaten Verbrauchern trägt der Verkäufer das Frachtrisiko.

6.1.2 Zahlungsverzug

Verzögert der Schuldner die Leistung, so kann er in Verzug geraten. Dem Gläubiger erwächst ein Anspruch auf Ersatz des Verzugsschadens (§ 280 BGB).

Der Verzug hat 3 Voraussetzungen (§ 286 BGB):

- Fälligkeit der Leistung
- daraufhin jedoch Nichtleistung
- ggf. Mahnung nach Fälligkeit (nicht schon vorher!)

Der Mahnung **bedarf es nicht**, wenn

a) für die Leistung eine Zeit nach dem Kalender bestimmt ist (zum Beispiel „fällig am ..."),

b) der Leistung ein Ereignis vorauszugehen hat und eine angemessene Zeit für die Leistung in der Weise bestimmt ist, dass sie sich von dem Ereignis an nach dem Kalender berechnen lässt, (zum Beispiel AGB-Regelung: „fällig 2 Wochen nach Zugang der Rechnung"),

c) der Schuldner die Leistung ernsthaft und endgültig verweigert, *oder*

d) aus besonderen Gründen unter Abwägung der beiderseitigen Interessen der sofortige Eintritt des Verzugs gerechtfertigt ist.

Hinweis:

Der Schuldner einer Entgeltforderung kommt spätestens in Verzug, wenn er nicht innerhalb von 30 Tagen nach Fälligkeit und Zugang einer Rechnung oder gleichwertigen Zahlungsaufstellung leistet, § 286 Abs. 3 BGB:

- Die 30-Tage-Regelung gilt nur, wenn der *Verbraucher* auf die Folgen der 30-Tage-Regelung in der Rechnung oder Zahlungsaufstellung besonders hingewiesen worden ist.
- Wenn der Zeitpunkt des Zugangs der Rechnung oder Zahlungsaufstellung unsicher ist (der abstreitende Kunde!), kommt der Schuldner, der *nicht Verbraucher* ist, spätestens 30 Tage nach Fälligkeit und Empfang der Gegenleistung in Verzug.

6.1.2.1 Verzugsschaden

Ist der Schuldner in Verzug, dann hat der Gläubiger Anspruch auf Ersatz des Verzugsschadens.

An Verzugsschaden kommen in Betracht:

- gesetzlicher Mindestschaden (Verzugszinsen),
- höherer Verzugsschaden,
- nur bedingt Zinseszinsen.

Verzugszinsen

Der gesetzliche Mindestschaden liegt bei 5 % (Verbrauchergeschäft) bzw. 9 % über Basiszins (§ 288 Abs. 1 und 2 BGB). Eine Geldschuld ist während des Verzugs zu verzinsen. Die Deutsche Bundesbank gibt den geltenden Basiszinssatz im Bundesanzeiger bekannt; er wird aber auch im Finanzteil der Tageszeitung gemeldet. Er verändert sich lediglich zum 1. Januar und 1. Juli eines jeden Jahres (§ 247 BGB).

Tipp:

Suchen Sie im Internet unter *www.basiszinssatz.de*

Nach **§288 Abs. 3 BGB** kann der Gläubiger aus einem anderen Rechtsgrund **höhere Zinsen** verlangen. Das sind insbesondere

- selbst aufgewendete Kreditzinsen des Gläubigers,
- vereinbarte Verzugszinsen,
- entgangene Anlagezinsen.

Mahnkosten

Die Kosten für die erste Mahnung können dann nicht geltend gemacht werden, wenn der Schuldner dadurch erst in Verzug gesetzt wurde.

Wohl aber, wenn er anders bereits in Verzug geraten ist, zum Beispiel

- durch Fälligkeitsvereinbarung in den AGB,
- nach 30 Tagen gemäß §286 Abs. 3 BGB.

Als Mahnkosten kommen u. a. in Betracht:

- Porto,
- angemessene Schreibkosten (50 Cent pro Seite),
- Rechtsanwaltskosten,
- Kosten eines externen Inkassobüros,
- *nicht* jedoch der eigene Zeitaufwand.

> *Hinweis:*
>
> Vereinbarter Verzugsschaden.
>
> In den AGB (Allgemeine Geschäftsbedingungen) kann der zu leistende Schadenersatz pro Mahnung festgelegt werden. Dies ist insbesondere wegen des sonst nicht erfolgenden Ersatzes der eigenen Arbeitszeit sinnvoll. Außerdem entfällt der oft mühsame Einzelnachweis des entstandenen Schadens, der ja oft auch Gemeinkosten enthält.

Umsatzsteuer

Da es sich beim Verzugsschaden um einen sog. „echten" Schadenersatz handelt, liegt insoweit kein Leistungsaustausch vor. Deshalb ist der Ersatz von Zinsen, Mahnkosten usw. nicht umsatzsteuerbar, d. h. es erfolgt keine Erhebung von Umsatzsteuer.

> *Tipp:*
>
> Eine Ausbuchung des Verzugsschadens nach Zahlung (Habensaldo auf dem Debitorenkonto) sollte deshalb keinesfalls über das normale Umsatzerlöskonto erfolgen, da hier Umsatzsteuer herausgerechnet wird.

Buchen des Verzugsschadens

Sinnvoll ist die regelmäßige Buchung des Verzugsschadens auf das Debitorenkonto.

Dadurch werden die aufgelaufenen Verzugszinsen mit jeder weiteren Mahnung automatisch ebenfalls in Verzug gesetzt, sodass hiervon auch Zinsen verlangt werden können.

Dadurch kann auch komfortabel das Mahnmodul innerhalb der OPOS-Verwaltung zum Finanzbuchhaltungsprogramm genutzt werden.

Da der Anspruch auf den Verzugsschaden automatisch entsteht, ist er als Vermögensposten in der Bilanz anzusetzen; er ist realisiert. Dies wird bei einer Verbuchung, die erst bei Zahlungseingang vorgenommen wird, in der Praxis oft übersehen!

Verzugszinsen

Da die Verzugszinsen nicht umsatzsteuerbar sind, jedoch die normalen Zinserträge umsatzsteuerbar, wenn auch USt-frei sind, empfiehlt sich die Verbuchung auf ein gesondertes Konto, weil die steuerbaren aber steuerfreien sonstigen Zinsen in der USt-Erklärung (Anlage UR) angegeben werden müssen.

Buchung: über das Konto 7100 Zinsertrag oder 7300 Zinsaufwand.

Mahnkosten

Häufig wird vorgeschlagen, die erstatteten Mahnkosten unter „außerordentlichen Erträgen“ zu verbuchen. Dies ist nicht richtig, denn dort dürfen nur Erträge ausgewiesen werden, die außerhalb der gewöhnlichen Geschäftstätigkeit anfallen.

Der Ausweis hat deshalb unter den „sonstigen betrieblichen Erträgen“ zu erfolgen.

Buchung des Verzugsschadens:

10 000	Debitor	an 7100	Verzugszinsen
		an 4830	sonst. betrieb. Erträge/Mahnkostenersatz

> *Hinweis:*
>
> Am 29.07.2014 ist das Gesetz zur Bekämpfung von Zahlungsverzug im Geschäftsverkehr vom 22.07.2014 (BGBl. I 2014 S. 1218) in Kraft getreten. Es ist anwendbar auf alle nach dem 28.07.2014 geschlossenen Verträge und AGB's, Art. 229, § 34 EGBGB. Für Dauerschuldverhältnisse ist das neue Recht anzuwenden, soweit die Gegenleistung, für die ein Entgelt gefordert wird, nach dem Inkrafttreten des Gesetzes erbracht wird (zum Beispiel Stromlieferungen).

Nach dem Gesetz sind verschärfte Bedingungen für Unternehmen (§ 14 BGB) und öffentlichen Auftraggeber (§ 98 Nr. 1 bis 3 GWB) als Schuldner der Geldzahlungen zu berücksichtigen. Hierunter fallen v. a.

- Eine Vereinbarung, wonach der Gläubiger die Erfüllung einer Entgeltforderung erst nach mehr als 60 Tagen nach Empfang der Gegenleistung verlangen kann, ist wirksam, wenn die Vereinbarung ausdrücklich getroffen und im Hinblick auf die Belange des Kunden nicht grob unbillig ist.

- Wenn dem Schuldner nach Empfang der Gegenleistung eine Rechnung zugeht, tritt der Zeitpunkt des Zugangs an die Stelle des in § 271a S. 1 BGB genannten Zeitpunkts des Empfangs der Gegenleistung.
- Der Schuldner muss bei Verzug **Verzugszinsen von mind. 9 %** über dem Basiszinssatz zahlen.
- Der Gläubiger hat bei Verzug des Schuldners, der kein Verbraucher ist, einen Anspruch auf Zahlung einer Pauschale wegen Verzugs (Betreibungskosten) von **40,00 Euro.** Die **Pauschale** ist unabhängig davon, ob tatsächlich ein entsprechender Schaden entstanden ist. Die Pauschale kann auch mehrfach erhoben werden. Eine im Voraus getroffene Vereinbarung, die den Anspruch des Gläubigers auf Verszugszinsen ausschließt, ist nicht wirksam. Dies gilt auch für eine Vereinbarung, die diesen Anspruch beschränkt oder den Anspruch des Gläubigers einer Entgeltforderung auf die Pauschale oder auf Ersatz des Schadens, der in Kosten der Rechtsverfolgung begründet ist, beschränkt oder ausschließt – sofern sie grob unbillig ist.

6.1.2.2 Sinnvolle Vereinbarungen

In den Allgemeinen Geschäftsbedingungen bzw. Einzelverträgen des Unternehmens können vorteilhafte Gestaltungen von vornherein getroffen werden. Sie mindern die Belastungen für das Unternehmen, die aus dem Verzug des Schuldners eintreten. Da der Schuldner bei Vertragsabschluss in der Regel nicht erkennen lassen möchte, dass er beabsichtigt schleppend zu bezahlen, sind Vereinbarungen zum Verzug meist unproblematisch durchsetzbar.

Fälligkeitsvereinbarung

„Der Kaufpreis ist am ... Datum ... fällig."

Durch diese kalendermäßige Bestimmung tritt automatisch Verzug ein, es bedarf keiner Mahnung (§ 286 Abs. 2 BGB).

Mahnungsverzicht

„Der Kaufpreis ist 10 Kalendertage nach Lieferung zur Zahlung fällig. Verzug tritt ohne Mahnung ein."

Dies ist die beiderseitige Vereinbarung dahingehend, dass auf eine Mahnung verzichtet wird. Sie muss einzelvertraglich vereinbart werden; AGB's genügen nicht.

Verzugszinsvereinbarung

Die Verzugszinsvereinbarung erspart den Nachweis des Verzugsschadens.

„Im Falle des Zahlungsverzuges schuldet der Käufer Verzugszinsen in Höhe von 13 %."

Unterwerfung unter die sofortige Zwangsvollstreckung

Dies ist nur gültig, wenn dies von einem deutschen Gericht oder Notar beurkundet ist. Deshalb ist dies nur üblich bei Grundstückskaufverträgen. Dadurch entsteht ein vollstreckbarer Titel ohne Anrufung eines Gerichts. Diese Möglichkeit ist recht aufwändig, sie kommt daher nur bei hohen Forderungen in Betracht.

Gerichtsstandvereinbarung

> *„Gerichtsstand ist ... Stadt."*

Gerichtsstands Vereinbarungen sind nur unter Kaufleuten zulässig. Sie kann auch in den AGB's vereinbart werden oder durch Benennung im Auftragsformular. Dadurch kann der Gerichtsstand zum Gläubiger „geholt" werden, sonst wäre er automatisch beim Schuldner.

Mahngebühr Vereinbarung

Sofern nicht durch weitere Vereinbarung der Eintritt des Verzuges gesondert vereinbart ist, oder der Verzug durch die 30-Tage-Regelung unter Geschäftsleuten zum Tragen kommt, erzeugt die erste Mahnung noch kein Verzugsschaden, denn sie dient zur Inverzugsetzung. Erst ab Verzug kann Verzugsschaden anfallen.

> *„Im Falle des Verzuges fällt für jede Mahnung eine pauschale Gebühr von 5,00 Euro an."*

6.2 Mahnungen

6.2.1 Ausreden und Tricks von Schuldnern

Mancher Schuldner nutzt gewisse Tricks, um nicht zahlen zu müssen. Die folgenden Erläuterungen sind beispielhaft:

Rechnungsanmahnung

Gelegentlich mahnen säumige Schuldner noch vor der ersten Mahnung die Rechnung mit dem Hinweis an, dass sie mit Skonto zahlen wollten, obwohl ihnen die Rechnung schon vorliegt.

Zahlung auf falsches Konto

Es wird behauptet, auf ein falsches Bankkonto überwiesen zu haben, und versichert, nach Rückerhalt des Geldes selbstverständlich sofort zu bezahlen.

Poststempel

Ein dem Poststempel trügerisch ähnlich wirkender Stempel „unbekannt verzogen usw." wird auf dem Brief angebracht, dieser wird zurückgesendet.

Fehlender Geldeingang

Der Schuldner behauptet, erst den Geldeingang einer eigenen großen Forderung abwarten zu müssen, dann würde er sofort zahlen.

Mängelrüge als Finte

Gerne wird behauptet, die gelieferte Ware sei mit Mängeln behaftet, obwohl das nicht stimmt.

Minderungsvergleich mit Scheckfalle

Der Schuldner sendet einen verminderten Scheck mit dem Hinweis, dass er die Sache damit als erledigt ansieht, ggf. auch in Kombination mit einer unzutreffenden Mängelrüge.

> *Beachte:*
>
> Hierin liegt ein unseriöses Vergleichsangebot des Schuldners. Auf gar keinen Fall annehmen!

> *Tipp:*
>
> Lösen Sie den Scheck trotzdem ein, aber senden Sie vorher ein Schreiben (Einwurf-Einschreiben + Rückschein) an den Schuldner, in welchem Sie erklären, das Vergleichsangebot nicht anzunehmen, den Scheck lediglich als Anzahlung zu verwenden und letzte Zahlungsfrist setzen sowie Klage androhen.
>
> Der Brief muss nur rechtzeitig abgeschickt sein (OLG Hamm MDR 1992, 450). Inzwischen lösen Sie den Scheck ein, für eine Schecksperrung ist es dann zu spät.

Widerspruch gegen Mahnbescheid

Manche Schuldner verzögern in dieser Weise, oft auch ohne Erfolgsaussicht. Es geht ihnen nur um den Zeitgewinn.

Manche Schuldner bezahlen einen Teilbetrag in der Hoffnung, wieder einen verminderten Mahnbescheid zu bekommen.

Folgeumsätze in Aussicht stellen

Manche Schuldner behaupten, durch bevorstehende Änderung in der Geschäftspolitik, bzw. Standortwechsel demnächst viel höhere Umsätze machen zu können und deshalb auch zukünftig noch mehr zu bestellen. Aber einstweilen wird um Abwarten auf die Zahlung gebeten.

Gerichtsvollzieher

Dreist wird dem Gerichtsvollzieher das Betreten der Wohnung verwehrt und behauptet, man habe keine Schulden.

Nun muss der Gerichtsvollzieher erst eine Durchsuchungsanordnung bewirken, wodurch wiederum Verzögerung eintritt.

Konsequent handeln

Alle diese Tricks sind recht sicherere Anzeichen dafür, dass Sie es mit einem unseriösen Schuldner zu tun zu haben.

Hier hilft nur sofortiges hartes Vorgehen, die Schuldner hoffen, dass Sie auf die faulen Ausreden hereinfallen.

6.2.2 Mahnung

Eine Mahnung ist rechtlich nur dann erforderlich, wenn der Schuldner nicht sowieso schon in Verzug ist. Bedenken Sie, eine Mahnung ist Ihr Entgegenkommen.

Eine Mahnung ist rechtlich nur dann erforderlich, wenn der Schuldner nicht sowieso schon in Verzug ist,

- weil Ihre AGB einen automatischen Verzugseintritt vorsehen,
- weil im Verkehr unter Geschäftsleuten nach 30 Tagen sowieso Verzug eintritt (siehe unter „Verzug") oder
- weil beim Verbrauchergeschäft auch nach 30 Tagen Verzug eintritt, wenn Sie in der Rechnung darauf hinweisen.

> *Hinweis:*
>
> Ist kein Fälligkeitstermin vereinbart, muss der Schuldner grundsätzlich unverzüglich zahlen, wenn der andere Vertragspartner seine Leistung erbracht hat.

Sie sind so nett und schicken Papier hinterher, während der Schuldner bereits wegen Nichtzahlung vertragsbrüchig ist. Daher sollten Mahnungen individuell auf den Kunden zugeschnitten sein und kundenfreundlich sein.

Grundsätzlich können Sie statt Mahnung u. U. unnötigen Zeitablauf vermeiden, mit

- Mahnbescheid oder wahlweise
- gleich Klage.

Bedenken Sie, ein säumiger Kunde kauft das nächste Mal vielleicht nicht bei Ihnen, sondern woanders, jedenfalls solange er Schulden bei Ihnen hat. Wenn die Sache schnell bereinigt ist, besteht mehr Chance auf ein Folgegeschäft.

Mehrere Mahnstufen sind in der Praxis üblich, jedoch nicht zwingend. Mehr als drei Mahnstufen machen den Unternehmer meist unglaubwürdig. Zahlt der Kunde auf mehrere Mahnschreiben nicht, muss der Gläubiger nach Ansicht einiger Gerichte den Rechtsweg beschreiten. Die Grenze ist grundsätzlich bei zwei Mahnungen zu ziehen. Erstellt der Gläubiger weitere Mahnschreiben, können diese Kosten nicht mehr als erforderlich angesehen werden. Gesetzliche Vorschriften für Mahnintervalle und die Anzahl von außergerichtlichen Mahnungen gibt es nicht. Schriftliche Mahnungen unmittelbar nach Überschreitung des Fälligkeitstermins haben nicht immer Sinn, weil sich diese ggf. mit der Zahlung überschneiden.

Hinweis:

Die Bezeichnung als erste, zweite oder dritte Mahnung ist durchsichtig und schadet eher.

Bitte vermeiden Sie es, in der Mahnung die Mahnstufe 1, 2 oder 3 anzugeben. Dann weiß der Schuldner bei der ersten Mahnung, dass er noch lange Zeit hat. Sie sind ja offenbar gewillt, weiter zu mahnen.

6.2.3 Textvorschläge

6.2.3.1. Erste Mahnung

Hier ein ungewöhnlicher Textvorschlag. Selbstverständlich sind auch übliche, rein sachlich abgefasste Texte möglich. Diesen fehlen aber oft die in nachfolgendem Text unterstrichenen Passagen.

Auch in einem sachlichen Text sollten diese Passagen enthalten sein.

> ***„‚Mahnung‘ oder ‚Zahlungserinnerung‘***
>
> *Guten Tag,*
>
> *Beiliegende Aufstellung zeigen die Ansprüche der Handels-GmbH, an Sie.*
>
> *Vielleicht haben Sie es übersehen, die Rechnungen zu bezahlen, das kann passieren.*
>
> *Oder es gibt andere gute Gründe, weshalb Sie noch nicht bezahlt haben.*
>
> *Bitte veranlassen Sie die sofortige Zahlung.*
>
> *Bitte denken Sie daran, dass Sie sich in Verzug befinden und alle Schäden tragen müssen.“*

Anmerkung:

Bei einer ersten Mahnung wird in der Regel harmlos formuliert.

Vorstehender Text hat den Hintergrund, nicht unter anderen Mahnungen unterzugehen, ist aber, je nach Branche, vielleicht unüblich. Der letzte Satz zeigt unmissverständlich, dass seitens des Gemahnten ein Vertragsbruch vorliegt, nämlich die nicht pünktliche Zahlung entgegen des zugrundeliegenden Vertrages (zum Beispiel Kaufvertrag).

Meines Erachtens sollte dies dem säumigen Zahler ruhig vor Augen geführt werden.

Wenn nicht schon sowieso Verzug eingetreten war, dann wird dieser mit der Mahnung nach Fälligkeit ausgelöst. Der Verzug muss nicht extra benannt werden, deshalb ist selbst der letzte Satz rechtlich unerheblich, er könnte auch fehlen.

6.2.3.2 Zweite Mahnung

„Wiederholte Mahnung'

Sehr geehrter Kunde,

Sie haben noch offene Beträge lt. beiliegender Aufstellung bei uns auszugleichen.

Trotz Rechnung und Mahnung haben Sie das nicht getan.

Bitte bezahlen Sie jetzt bis zum ... oder nennen Sie uns die Hinderungsgründe (Anmerkung: zum Beispiel Mängelrüge).

Wir müssen sonst leider eintreiben (Anmerkung: Bluff).

Auch wir haben unsere Verpflichtungen, deshalb müssen wir dann einen schnellen, wenn auch für Sie kostspieligeren Weg wählen."

Anmerkungen:

Auch in dieser zweiten Mahnung wird die Mahnstufe nicht offengelegt.

Der Schuldner darf nicht wissen, ob Sie nochmals mahnen werden oder gleich Mahnbescheid beantragen.

Wichtig ist die kalendarische Bestimmung. Der Kunde muss wissen, wann es ernst werden könnte. Die Frist nicht zu lang wählen.

Diese Mahnung gibt dem Kunden aber auch die Möglichkeit und Aufforderung, sich zu melden, wenn er Probleme hat. Dann können Sie entscheiden, wie Sie vorgehen möchten.

6.2.3.3 Dritte Mahnung

„Letzte Mahnung

Sehr geehrte ...

Die beiliegende Forderungsaufstellung ist von Ihnen noch nicht beglichen, Sie wurden aber schon (mehrfach) gemahnt und haben sich leider nicht einmal gemeldet.

(Sollen wir jetzt noch höflich bleiben?) Wer berechtigte Ansprüche nicht bezahlt, der ist vertragsbrüchig. Entsprechend werden wir Sie, zu unserem Bedauern, behandeln müssen.

Sie erhalten letzte Frist zur Zahlung bis ...

Danach würden wir die Angabe an den Anwalt oder das Inkassobüro nebst Rechnung und Mahnschreiben empfehlen. Es ist in diesem Fall sinnvoll, keinen Mahnbescheid zu beantragen, sondern sofort zu klagen."

6.2.4 Zustellung der Mahnung

Da Verzug (siehe dort) u. U. erst nach Zustellung einer Mahnung eintritt, ist der Zugangsnachweis wichtig. Dieser kann erbracht werden

- per Einschreiben u. Rückschein,
- persönliche Übergabe oder
- Zustellung durch den Gerichtsvollzieher.

Letzteres hat meist schon eine einschüchternde Wirkung und ist preisgünstig, 7,50 Euro zzgl. ggf. noch Wegegeld. Bei bloßer Mahnung droht die Einrede des Schuldners, diese nicht erhalten zu haben, wobei Gerichte diese Ausrede insbesondere nach mehreren Mahnungen in der Regel nicht abnehmen.

6.2.5 Psychologie der Mahnung

Normalerweise mahnt der Unternehmer bzw. dessen Personal den säumigen Kunden selbst, sei es telefonisch, schriftlich oder persönlich. Ein persönlicher Besuch bei einer hohen Forderung und Nähe des Standorts des Kunden kann eine größere Wirkung haben als eine schriftliche Mahnung. Oft steckt hinter säumigen Zahlungen auch Unzufriedenheit über die gelieferte Ware, was in einem Gespräch geklärt werden kann. Dennoch sollte gerade die Psychologie nicht vernachlässigt werden. Es könnten auch andere Gründe hinter der Nicht-Zahlung stehen.

Wenn ein Schuldner nicht bezahlt, kann das hauptsächlich vier Gründe haben:

- Er hat die Rechnung verlegt und somit vergessen.
- Er kennt die Schuld, will nicht pünktlich zahlen.
- Er kennt die Schuld, will aber gar nicht zahlen.
- Er kennt die Schuld, kann aber nicht zahlen.

In allen vier Punkten besteht kein Grund zur Zurückhaltung.

- Im ersten Fall muss der Kunde zu seiner Nachlässigkeit stehen.
- Im zweiten Fall wurden Sie hinsichtlich der von Ihnen unterstellten Vertragstreue hinters Licht geführt.
- Im dritten Fall könnte eine Straftat vorliegen, wenn der Wille zur Nichtzahlung schon bei Vertragsabschluss bestand (sog. Eingehungsbetrug.)
- Im vierten Fall könnte auch ein Eingehungsbetrug vorliegen.

Mahnungen sollten deshalb sehr bestimmt formuliert werden. Das bedeutet nicht, dass sie nicht höflich zu sein brauchen.

Seien Sie sich aber immer bewusst, dass Sie sich wehren sollten. Wehren Sie sich schnell – nach dem Motto: „Wer zuerst kommt, mahlt zuerst, wer zu spät kommt, mahlt vielleicht gar nicht."

6.3 Weitere Eintreibungsmöglichkeiten

6.3.1 Allgemeine Eintreibungsmöglichkeiten

Weitere Möglichkeiten zum Eintreiben der Forderungen sind:

- sofortige Strafanzeige wegen des Verdachts des Eingehungsbetruges
- sofortige Zahlungsklage und ggf. nachfolgend eidesstattliche Versicherung
- Ausübung des Eigentumsvorbehaltes (Rückgabe) mit Schadenersatz

- Herausgabeklage
- Insolvenzantrag

Wichtig: Vermeiden Sie Nötigung, üble Nachrede oder Verleumdung, das ist strafbar.

6.3.2 Eingehungsbetrug

Wer bestellt, aber schon weiß, dass er nicht bezahlen kann, begeht Eingehungsbetrug. Damit kann auch einem Geschäftsführer einer GmbH gedroht werden, denn dieser Schuldvorwurf betrifft ihn persönlich. Er läuft Gefahr einer strafrechtlichen Verfolgung ausgesetzt zu werden.

6.3.3 Geschäftsführerhaftung

Ein Geschäftsführer, der noch für die GmbH bestellt, aber schon weiß, dass er nicht bezahlen kann, haftet persönlich. Im Insolvenzverfahren wird seine eventuelle Insolvenzverschleppung geprüft. Damit läuft er Gefahr, den haftungsbeschränkenden Schutzmantel der GmbH zu verlieren. Es kann daher sinnvoll sein, den Geschäftsführer direkt anzugreifen.

6.3.4 Mahnbescheid

Das gerichtliche Mahnverfahren ist ein verkürztes, vereinfachtes und zügiges Verfahren, einen gerichtlichen Titel für die Vollstreckung (Vollstreckungsbescheid) zu bekommen. Es ist kostengünstiger als eine Klage, aber nur möglich, wenn es um reine Geldforderungen geht, zum Beispiel Kaufpreis-, Werklohn- oder Darlehensforderungen.

Ein Mahnbescheid ist nur bei unbestrittenen Forderungen zu empfehlen, bei bestrittenen Forderungen ist es sinnvoller, sofort zu klagen.

Aufgrund der Schuldrechtsreform bewirkt ein Mahnbescheid keine Verjährungsunterbrechung mehr, sondern lediglich eine Verjährungshemmung. Das Gericht prüft die Rechtmäßigkeit des Anspruches nicht.

Beliebt ist der Widerspruch gegen den Mahnbescheid, um Zeit zu gewinnen.

Der Antragsgegner (Schuldner) kann bei Gericht schriftlichen Widerspruch erheben gegen den gesamten geltend gemachten Anspruch oder gegen einen Teil dieses Anspruches.

Die Frist hierzu beträgt zwar zwei Wochen, das bedeutet aber nur, dass das Gericht nicht vorher einen Vollstreckungsbescheid verfügt, denn das Widerspruchsrecht endet, wenn der Vollstreckungsbescheid verfügt ist (§ 694 Abs. 1 ZPO).

Selbst wenn der Vollstreckungsbescheid ergangen ist, wirkt ein – verspäteter – Widerspruch gegen den Mahnbescheid, denn dieser verspätete Widerspruch wird dann als Einspruch gegen den Vollstreckungsbescheid gewertet.

Hinweis:

Vor Beantragung eines Mahnbescheids sollte auch geprüft werden, ob eine genaue und korrekte Anschrift des Schuldners existiert oder ob er verzogen ist. Andernfalls kann der Mahnbescheid nicht zugestellt werden und bleibt ohne Wirkung. Um die Anschrift zu überprüfen, können Nachforschungen gegen Gebühr (bspw. *www.deutschepost.de* und *www.superscheck.de*) angestellt werden.

Tipp:

Bspw. auf der Internet-Seite *www.mahnung-online.de* kann man die konkreten Kosten für den Mahnbescheid berechnen. Die Kosten orientieren sich an der Höhe der Forderung, die der Unternehmer realisieren will.

6.3.5 Online-Mahnantrag

Zur Erstellung eines Antrags auf Erlass eines Mahnbescheids und zur Übertragung von Daten zwischen Antragsteller und den Mahngerichten kann auch das Internet genutzt werden, *www.online-mahnantrag.de*. Mit dem Online-Mahnantrag können Antragsteller in einem interaktiven Antragsformular die Daten des Verfahrens eingeben; bei der Eingabe werden diese automatisch inhaltlich geprüft, sodass fehlerhafte Anträge weitgehend ausgeschlossen sind.

Ohne Signaturkarte kann der Online-Mahnantrag als Eingabehilfe für den Ausdruck der Daten im Barcode-Antrag genutzt werden. Dieser ist auszudrucken und an das zuständige Mahngericht mit der Post zu verschicken.

6.3.6 Vollstreckungsbescheid

Auch der Vollstreckungsbescheid muss beantragt werden. Er kann frühestens zwei Wochen nach Zustellung des Mahnbescheides erlassen werden.

Der Antrag kann jedoch erst nach Ablauf der Zweiwochenfrist gestellt werden. Die Frist von sechs Monaten ist dabei zu beachten (§ 701 ZPO).

Erhebt der Schuldner keinen Widerspruch, kann der Gläubiger den Vollstreckungsbescheid beantragen. Wird der Vollstreckungsbescheid erlassen, ist dieser ein Vollstreckungstitel. Aufgrund des Vollstreckungsbescheids kann mithilfe eines Gerichtsvollziehers die titulierte Forderung vollstreckt werden.

Aushändigung an den Antragsteller

Aber der Antragsteller (Gläubiger) kann auch beantragen, dass der Vollstreckungsbescheid nicht dem Schuldner zugestellt, sondern ihm ausgehändigt wird.

Das ist insbesondere dann sinnvoll, wenn der Gläubiger bewegliche Sachen pfänden möchte.

Er kann dann durch den Gerichtsvollzieher den Vollstreckungsbescheid zustellen lassen und dabei gleich die Zwangsvollstreckung in das bewegliche Vermögen durchführen lassen. Dies hat einen gewissen Überraschungseffekt.

Wirkung des Vollstreckungsbescheides

Der Vollstreckungsbescheid steht einem für vorläufig vollstreckbar erklärten Versäumnisurteil gleich (§ 700 ZPO).

Der Antragsteller kann also **sofort vollstrecken**, selbst dann, wenn der Schuldner Widerspruch eingelegt hat.

Obsiegt der Schuldner mit seinem Widerspruch, dann hat er einen Anspruch auf Ersatz des Schadens, der ihm durch die Vollstreckung entstanden ist. Einspruch kann in voller Höhe oder teilweise eingelegt werden. Ohne Einspruch wird der Vollstreckungsbescheid rechtskräftig.

Einspruch gegen den Vollstreckungsbescheid

Gegen den Vollstreckungsbescheid kann der Schuldner innerhalb von zwei Wochen Einspruch einlegen.

Aufgrund eines Einspruchs gegen den Vollstreckungsbescheid wird das streitige Verfahren vor dem zuständigen Gericht eingeleitet.

Zuständig ist grundsätzlich das für den Schuldner zuständige Gericht, es sei denn, beide Parteien verlangen übereinstimmend die Abgabe an ein anderes Gericht.

Der Einspruch hindert jedoch nicht, dass der Gläubiger die Zwangsvollstreckung betreiben kann.

Um die Zwangsvollstreckung zu verhindern, ist zusammen mit dem Einspruch ein Antrag auf vorläufige Einstellung der Zwangsvollstreckung bis zu einer endgültigen Entscheidung durch das Gericht zu stellen.

> *Merke:*
>
> Es besteht keine Sicherheit für den Gläubiger durch Mahnbescheid oder Vollstreckungsbescheid. Der Erlass eines Mahn- oder Vollstreckungsbescheides versetzt den Gläubiger in gewisse Rechte (Vollstreckungsmöglichkeit aufgrund Vollstreckungsbescheid), für den Schuldner ist die Sache aber noch offen, er kann sich wehren!

6.3.7 Gleich klagen – Zeit verkürzen

Ist der Schuldner in Verzug und können Sie dies beweisen, dann kann auch eine sofortige Klage sinnvoll sein. Dabei ist das Kosten- bzw. Nutzenrisiko abzuschätzen.

Durch die Klage wird bei Verzögerungstaktiken der Schuldner

- viel Zeit gespart,
- das Prinzip „wer zuerst kommt – mahlt zuerst" gewahrt,
- die Schlacht in der eigenen Arena ausgetragen durch Gerichtsstands Vereinbarung in den AGB.

6.3.8 Vermögensauskunft

Die Vermögensauskunft (früher: eidesstattliche Offenbarungsversicherung) übt enormen Druck auf den Schuldner aus, vorausgesetzt, er hat Interesse an einem guten Leumund.

Er wird in die von den IHK's geführten „schwarzen Schuldnerlisten" aufgenommen.

Dadurch ist der Schuldner misskreditiert,

- seine Kreditwürdigkeit verringert sich drastisch,
- seine schlechte finanzielle Verfassung wird öffentlich bekannt.

Ein langer Weg für den Gläubiger bis dahin, aber oft von Erfolg gekrönt, denn der Schuldner kann die Ableistung der eidesstattlichen Offenbarungsversicherung durch Zahlung abwenden – das wird er machen, wenn er kann.

6.4 Vermeidung/Reduzierung von Forderungsausfällen

6.4.1 Absicherung von Kundenforderungen

Durch folgende Maßnahmen können Kundenforderungen abgesichert werden:

Richtige Bezeichnung des Schuldners

Wichtig ist die richtige Stammdatenerfassung der Kunden. Die richtige Bezeichnung ist Voraussetzung für ein erfolgreiches gerichtliches Mahnverfahren (Mahnbescheid) oder ein gerichtliches Klageverfahren. Es muss die korrekte Bezeichnung des Schuldners angegeben sein.

Die Adresse kann beispielsweise geprüft werden mit Hilfe von *www.telefonbuch.de*, *www.supercheck.de*; *www.deutschepost.de*; *www.ihk.de*, *www.ahk.de*.

Mit dem Postkartenformular „Postanfrage" kann eine Adressenüberprüfung über die Post erfolgen. Ist die Adresse zutreffend, so erhalten Sie dies bestätigt. Ist sie nichtzutreffend, darf die Post die neue Adresse nur mitteilen, wenn der Schuldner einen Nachsendeantrag gestellt hat und in diesem die Weitergabe der Adresse nicht ausgeschlossen hat.

Auch die Anfragen beim Einwohnermeldeamt kann eine preisgünstige Alternative sein.

Manche Privatpersonen unterhalten einen privaten Internetauftritt. Geben Sie den Namen in die Suchmaschine zum Beispiel *www.google.de* ein.

Insolvenzrecherche

Ist der Kunde inzwischen insolvent und Sie wissen es nicht?

Eine Rückfrage beim zuständigen Registergericht, bzw. *www.handelsregister.de* oder der IHK könnte Klarheit bringen.

Ebenso können Sie unter *www.insolvenzbekanntmachungen.de* oder unter *www.vollstreckungsportal.de* nachsehen.

Jahresabschluss des Kunden

Bei größeren Aufträgen kann es sinnvoll sein, durch die Vorlage eines Jahresabschlusses die Bonität des Kunden zu überprüfen. Kapitalgesellschaften und gewisse GmbH + Co. KG's müssen ihren Jahresabschluss beim Registergericht offenlegen. Seit 2007 wird die Offenlegung durch das Bundesamt für Justiz überwacht. Auch ohne Antrag wird das Bundesamt für Justiz tätig. Das Unterlassen der Offenlegung ist mit Bußgeld bis zu 25.000,00 Euro bedroht.

> *Tipp:*
>
> Der Jahresabschluss und andere Unternehmensdaten sind im elektronischen Handelsregister gegen geringe Gebühr einsehbar, suchen Sie im Internet unter *www.handelsregister.de* und *www.unternehmensregister.de, www.bundesanzeiger.de, www.unternehmensregister.de, www.registergericht.com*

Auskunfteien

Einige Auskunfteien die auch Inkasso durchführen sind:

- CEG Creditreform Consumer GmbH (Creditreform)
- Wirtschaftsinformationen & GmbH Co. KG (Allianz, Otto)
- infoscore Consumer Data GmbH (Bertelsmann)

Am schnellsten erhalten Sie Kontakt über das Internet.

Die Auskunfteien sind auf Recherche angewiesen, wenn sie Informationen von Unternehmen sammeln. Sie tun dies u. a. durch Nachfrage beim Unternehmen. Vergewissern Sie sich über die Aktualität der Angaben, sie könnten eventuell sehr veraltet sein.

Forderungsversicherungen

Sie können Ihre Forderungen versichern. Große Anbieter sind Coface, Euler Hermes, Atradius etc.

Im Internet gibt es genügend Nachweise. Suchen Sie unter Suchbegriff „Kreditversicherung".

Eigentumsvorbehalt

Trotz weiter Verbreitung des Eigentumsvorbehalts wird nicht von einem Handelsbrauch ausgegangen. Ein Eigentumsvorbehalt muss vereinbart werden, eine einseitige Erklärung des Verkäufers reicht nicht aus.

Mündlich reicht in der Regel aus, ist aber nicht zu empfehlen. Beim Teilzahlungsgeschäft mit Endverbrauchern gilt das Verbraucherkreditgesetz. Danach muss der Eigentumsvorbehalt schriftlich vereinbart werden.

Unproblematisch ist es, wenn der Eigentumsvorbehalt in den AGB's als Kaufvertragsbestandteil vereinbart ist. Alternativ kann der Eigentumsvorbehalt auch erst in der Auftragsbestätigung berücksichtigt werden. Dies gilt als konkludentes Einverständnis bei Entgegennahme der Kaufsache (§ 151 i. V. m. § 150 Abs. 2 BGB).

Der Eigentumsvorbehalt kann auch nachträglich bei Lieferung zusammen mit der Rechnung vereinbart werden. Dies bedeutet, dass im Kaufvertrag zunächst kein Eigentumsvorbehalt aufgeführt ist. Erst auf der Rechnung ist der Eigentumsvorbehalt ausgesprochen. Der Kaufvertrag ist aber ein zweiseitiges Geschäft, das bereits zustande gekommen ist. Deshalb liegt hierin ein vertragswidriges Anbieten eines Eigentumsvorbehaltes. Diese Vorgehensweise ist sehr gefährlich!

Der Eigentumsvorbehalt gilt nur als akzeptiert, wenn nicht unverzüglich vom Käufer widersprochen wird. Wenn der Käufer jedoch widerspricht, hat der Verkäufer keine nachträgliche Möglichkeit, den Eigentumsvorbehalt durchzusetzen, denn er hatte vertragsgemäß entsprechend dem Ursprungsvertrag erfüllt, das Eigentum ist übergegangen.

Dies gilt für den Handelskauf. Bei Lieferung an Privatpersonen bestehen grundsätzlich Bedenken bei einem nachträglichen Angebot des Eigentumsvorbehaltes.

Wird zuerst die Lieferung nur mit Lieferschein geleistet und danach eine Rechnung mit Eigentumsvorbehalt ausgestellt, ist die Rechnungsversendung mit erstmaliger Benennung des Eigentumsvorbehaltes wirkungslos. Es handelt sich um eine nachträgliche Erklärung des Eigentumsvorbehalts nach Übergabe. Da der Kaufvertrag schon erfüllt war, ist der Eigentumsvorbehalt nicht wirksam zustande gekommen, weil das Eigentum bereits bei Lieferung übergegangen war. Der Eigentumsvorbehalt war nicht Vertragsbestandteil.

Hinweis:

Beim Eigentumsvorbehalt werden verschiedene Arten unterschieden. Ein Eigentumsvorbehalt wird relevant, wenn der Kaufvertrag nicht Zug um Zug zu erfüllen ist, sondern wenn zunächst die Lieferung geschuldet wird. Beim Eigentumsvorbehalt übergibt der Verkäufer zwar dem Käufer die Kaufsache. Es kommt eine Einigung auf Eigentumsübertragung gemäß § 929 Abs. 1 BGB zustande. Diese steht aber unter der aufschiebenden Bedingung (§ 158 BGB) der vollständigen Kaufpreiszahlung.

Der Käufer wird deshalb durch Lieferung nur der unmittelbare Besitzer, nicht jedoch der Eigentümer. Der Eigentumsvorbehalt kann als Druckmittel zur Zahlung eingesetzt werden.

Auf Grund des Eigentumsvorbehalts kann der Verkäufer die Sache nur herausverlangen, wenn er vom Vertrag zurückgetreten ist.

Der Verkäufer erwirbt dann den Anspruch

- auf Herausgabe der Kaufsache und
- Schadenersatz, insbesondere auch hinsichtlich des entgangenen Gewinns.

Der Käufer darf nicht mehr über die Kaufsache verfügen. Insbesondere ist dem Käufer der Weiterverkauf untersagt. Jedoch ist der Verkäufer in einer ungünstigen Position, denn der Käufer könnte ungeachtet des Herausgabeverlangens des Verkäufers die Sache dennoch eigenmächtig weiterverkaufen.

Der Zweitkäufer kann dann gutgläubig Eigentum erwerben. Der Erstverkäufer erwirbt einen Anspruch auf Schadenersatz, der u. U. nicht oder schwer realisierbar ist. Bei Insolvenz des Käufers besteht ohne Eigentumsvorbehalt die Gefahr des Weiterverkaufs, während der Kaufpreisanspruch nur ein Masseanspruch ist, der in der Regel nicht mehr, oder nur quotal bedient wird. Bei vereinbartem Eigentumsvorbehalt hingegen hat der Verkäufer ein Aussonderungsrecht bei Insolvenz. Außerdem ist eine Sicherungsübereignung an Kreditgeber des Käufers nicht möglich.

Folgende *Arten des Eigentumsvorbehalts* sind in der Praxis anzutreffen:

- einfacher Eigentumsvorbehalt
- verlängerter Eigentumsvorbehalt
- nachgeschalteter Eigentumsvorbehalt
- weitergeleiteter Eigentumsvorbehalt
- erweiterter Eigentumsvorbehalt (Kontokorrentvorbehalt)
- Konzernvorbehalt

Der *einfache Eigentumsvorbehalt* erlischt gemäß § 950 Abs. 1 BGB, wenn die Kaufsache weiterverkauft, verarbeitet oder umgebildet wird.

Der *verlängerte Eigentumsvorbehalt* stellt eine Zession der Forderung aus dem Weiterverkauf dar. Er verhindert Nachteile für den Verkäufer, wenn die Sache weiterveräußert oder weiterverarbeitet wird.

Für den Fall der Weiterveräußerung wird eine Vorausabtretung der Kaufpreisforderung vereinbart. Wenn der Drittkunde jedoch an den Zweitverkäufer bezahlt, erlischt das Recht aus dem verlängerten Eigenverbrauch, weil die abgetretene Forderung nicht mehr individualisierbar ist. Gemäß § 9 AGBG (Allgemeine-Geschäftsbedingungen-Gesetz) ist eine Vorausabtretung unwirksam, wenn dadurch der Verkäufer übersichert wird. Wenn die Vorausabtretung wie eine Globalzession wirkt, kann sie unwirksam sein gemäß § 138 Abs. 1 BGB wegen Sittenwidrigkeit.

Der Vorbehaltskäufer darf weiterveräußern (§ 185 Abs. 1 BGB). Die Kaufpreisforderung ist abgetreten. Allerdings ist der Vorbehaltskäufer zur Einziehung der Forderung berechtigt, wodurch mangels Individualisierung der Forderung die Zession wieder untergeht.

Vorsicht, denn die Abtretung von Forderungen kann durch die Vertragsparteien, hier Zweitverkäufer und Zweiterwerber, vertraglich ausgeschlossen werden. Dann geht der verlängerte Eigentumsvorbehalt ins Leere. Nur im Innenverhältnis bietet ein vertragliches Verbot auf Abtretungsausschluss zwischen Verkäufer und Käufer hiergegen – unzureichenden – Schutz.

Im Falle der Weiterverarbeitung wird die neu hergestellte Sache Eigentum des Verkäufers, wenn die Sachen mehrerer Lieferanten zu einer neuen Sache weiterverarbeitet wurden.

Ein *nachgeschalteter Eigentumsvorbehalt* liegt vor, wenn der Käufer die Sache selbst unter Eigentumsvorbehalt weiterverkauft, aber den Eigentumsvorbehalt des Erstverkäufers nicht aufdeckt.

Jedoch erwirbt auch beim nachgeschalteten Eigentumsvorbehalt der Zweitkäufer mit seiner Zahlung endgültig Eigentum. Der Erstverkäufer verliert sein Eigentum, wenn eine der beiden Kaufpreisforderungen beglichen sind. (BGH NJW 1971 S. 1038)

> *Tipp:*
>
> Der nachgeschaltete Eigentumsvorbehalt (Eigentum an der Sache bleibt zunächst bestehen) wird oft mit dem verlängerten Eigentumsvorbehalt (ersatzweiser Erwerb einer abgetretenen Forderung) kombiniert.

Beim *weitergeleiteten Eigentumsvorbehalt* offenbart der Zweitverkäufer den Eigentumsvorbehalt dem Zweitkäufer und bewirkt so, dass das Eigentum des Erstverkäufers weiter besteht. In der Praxis ist dies aber unüblich, außerdem kann ein Verstoß gegen § 307 BGB (unangemessene Benachteiligung des Zweitkäufers) vorliegen.

Der *erweiterte Eigentumsvorbehalt* ist ein Kontokorrentvorbehalt. Die aufschiebende Bedingung der Übereignung tritt erst ein, wenn alle Forderungen aus der Geschäftsverbindung beglichen sind, also bei vollständigem Saldoausgleich. Die Zulässigkeit ist nur unter Kaufleuten bisher geklärt (BGH NJW 1994 S. 1154). Hier besteht die Gefahr einer Übersicherung, so dass Nichtigkeit eintritt. Das kann verhindert werden, durch Freigabeklauseln oder Vereinbarung von Deckungsgrenzen.

Beim *Konzernvorbehalt* bleibt der Eigentumsvorbehalt trotz Begleichung der Forderung noch so lange bestehen, wie der Verkäufer noch weitere Forderungen an andere Gesellschaften desselben Konzerns hat. Der Konzernvorbehalt ist somit ein Kontokorrentvorbehalt, der auf den gesamten Konzern ausgeweitet ist. Der Konzernvorbehalt ist in der Regel unwirksam, denn er stellt eine sog. „überraschende Klausel" i. S. v. § 3 AGBG dar. Er kann deshalb nicht durch allgemeine Geschäftsbedingungen herbeigeführt werden, eine diesbezügliche Individualvereinbarung ist aber möglich.

Sicherungsabtretung von Forderungen

Gegenstand der Sicherungsabtretung ist die Abtretung von Forderungen zur Sicherung der Ansprüche eines Gläubigers. Die Sicherungsabtretung muss dem Drittschuldner nicht mitgeteilt werden (stille Zession) und schadet so nicht dem guten Ruf. Die Sicherungsabtretung kommt hauptsächlich vor in Form der Globalzession oder Vorausabtretung.

Sicherungsübereignung beweglicher Gegenstände

Bei der Sicherungsübereignung behält der bisherige Eigentümer den Besitz. Das Eigentum wird nicht durch Übergabe, sondern durch Besitzkonstitut (§ 930 BGB) verschafft.

Dadurch kann der Sicherungsübereigner die Sache solange behalten und ggf. auch nutzen, wie der Eigentümer nicht die Herausgabe verlangt.

Sehr gebräuchlich bei der Kfz-Finanzierung durch Übergabe des Kfz-Briefes, aber auch zur Absicherung von Forderungen aus Warenlieferungen.

> *Merke:*
>
> Im Gegensatz zum Eigentumsvorbehalt hat der Verkäufer Eigentum an anderen Sachen, als jene, die Gegenstand des Kaufvertrages waren.

Die Sicherungsabtretung (sog. fiduziarische Abtretung) ist gesetzlich nicht geregelt, sie ist eine Vollabtretung; es gelten §§ 398 bis 413 BGB (Übertragung einer Forderung). Der Gläubiger (Abtretungsempfänger) verpflichtet sich nur im Innenverhältnis, keine Verfügungen vorzunehmen, die außerhalb des Sicherungszweckes liegen (stille Zession). Er darf insbesondere die Forderung nicht weiter abtreten. Macht er es trotzdem, ist die Weiterabtretung aber wirksam (BGH, WM 1982 S. 443).

Sobald der Schuldner alle gesicherten Ansprüche erfüllt hat, ist der Sicherungsgläubiger zur Rückübertragung der Forderungen verpflichtet (BGH, NJW 1998 S. 671). Erst wenn der Schuldner seinen Verpflichtungen nicht vertragsgemäß nachkommt, darf der Sicherungsgläubiger über die abgetretene Forderung verfügen.

Der bisherige Gläubiger (Abtretender) darf die Forderung trotz der Abtretung einziehen (denn der Schuldner weiß nichts von der Zession). Sofern der Gläubiger wegen des Untergangs der Forderung nach ihrer Einziehung verpflichtet ist, andere Forderungen ersatzweise abzutreten, liegt eine Mantelzession vor.

Eine Forderung kann nicht abgetreten werden, wenn dies nach § 399 BGB ausgeschlossen ist, insbesondere wenn die Abtretung durch Vereinbarung mit dem Schuldner ausgeschlossen wurde.

Weitere Abtretungsausschlüsse bestehen nach § 400 BGB, §§ 850, 850a bis 850i ZPO.

Befristete, bedingte und künftige Forderungen können ebenfalls abgetreten werden (= Vorausabtretung). Die Entstehung der Forderung muss möglich sein, und so konkret bezeichnet sein, dass sie bei ihrer Entstehung bestimmbar ist.

Die mehrfache Abtretung einer Forderung ist nicht möglich. Es gilt der Grundsatz der Priorität, die erste Abtretung ist wirksam. Ggf. kann bei Mehrfachabtretung der Straftatbestand des Betruges vorliegen. Die Drohung mit Strafanzeige gegenüber einem Schuldner, der doppelt abgetreten hat, ist oft sehr erfolgreich und kann Zahlungswillen erzeugen. Bei unsicheren Debitoren ist es besonders wichtig, möglichst zu den ersten Gläubigern zu gehören, die befriedet werden.

Hinweis:

Normale abtretbare Forderungen können formlos abgetreten werden. Schriftform ist natürlich zweckmäßig (Nachweisfunktion). Etwaige Zinsen aus abgetretenen Forderungen können gesondert abgetreten werden, mit genauer Bestimmung der Zinsen und ab welchem Zeitpunkt. Briefhypotheken und Briefgrundschulden können nur schriftlich abgetreten werden, außerdem ist die Briefübergabe zwingend notwendig (§§ 1154 Abs. 1 und 1192 BGB).

Tipp:

Besonderheit besteht bei der Sicherungsübereignung des Warenlagers. Hier ist es dem Sicherungsübereigner zunächst gestattet, die sicherungsübereigneten Waren weiterzuverkaufen. Die Übereignung bezieht sich auf die Waren in ihrem jeweiligen Bestand. Bei berechtigtem Interesse (Eintritt des Sicherungsfalles) kann der Weiterverkauf untersagt werden.

Selbstschuldnerische Bürgschaft

Bei der selbstschuldnerischen Bürgschaft verpflichtet sich der Bürge, die Schuld eines anderen zu begleichen. Dabei kann der Bürge jedoch verlangen, dass der Gläubiger zunächst versucht, beim Schuldner direkt seine Forderung einzuklagen. Da dies bei einem Zahlungsunfähigen zwecklos ist, sollte auch die Möglichkeit der sog. Einrede der Vorausklage abbedungen werden.

So können zum Beispiel Gesellschafter einer Kapitalgesellschaft in die Pflicht genommen werden. Sofern diese das Risiko der Bürgschaft scheuen, dürfte das Hinweis genug sein, mit dieser Kapitalgesellschaft eher keine Geschäfte zu machen. Die Gesellschafter möchten dann das Risiko von Dritten mittragen lassen, aber das Gewinnbezugsrecht bei sich belassen.

Es ist möglich, in die Bürgschaft auch zukünftige Forderungen einzubeziehen. Außerdem sollte nicht nur die Hauptforderung verbürgt werden, sondern auch der Verzugsschaden.

Formulierungsvorschlag:

„Die ABC-GmbH steht mit der Handels-GmbH in ständigem geschäftlichem Kontakt, sie kauft Ware ein.

Herr A (+ Anschrift) übernimmt hiermit für alle Schulden der ABC-GmbH gegenüber der Handels-GmbH die selbstschuldnerische Bürgschaft unter Verzicht auf die Einrede der Vorausklage.

Die Bürgschaft bezieht sich auf alle Geldansprüche aus jetzigen und zukünftigen Kaufverträgen einschließlich etwaiger Verzugsschäden (Kosten, Zinsen usw.). Der verbürgte Gesamtbetrag ist begrenzt auf einen Maximalbetrag von … Euro.

Die Bürgschaft ist zeitlich unbefristet.

Bei ihrem Widerruf sind Ansprüche, die danach begründet werden, nicht mehr verbürgt.

Das gilt nicht für weiter entstehende Verzugsschäden aus Schuldverhältnissen, die vor dem Widerruf begründet wurden."

Schuldbeitritt

Durch den Schuldbeitritt entsteht Gesamtschuldnerschaft (§ 421 ff. BGB) zwischen dem bisherigen Schuldner und dem Schuldmitübernehmer. Eine Zustimmung des Gläubigers ist nicht erforderlich, seine Stellung kann sich nur verbessern.

Der Schuldbeitritt kann sich, ebenso wie die Bürgschaft, auch auf ein Dauerschuldverhältnis und auf zukünftige Forderungen beziehen, muss aber die übernommenen Verpflichtungen mit hinreichender Deutlichkeit abgrenzen (BGH NJW-RR 1993, S. 308 Rn. 6).

Formulierungsvorschlag:

„Die ABC-GmbH steht mit der Handels-GmbH in ständigem geschäftlichem Kontakt, sie kauft Ware ein.

Herr A (+ Anschrift) erklärt hiermit seinen gesamtschuldnerischen Schuldbeitritt.

Er verpflichtet sich hiermit gegenüber der Handels-GmbH zur Zahlung aller Schulden der ABC-GmbH als Gesamtschuldner.

Der Schuldbeitritt bezieht sich auf alle Geldansprüche aus jetzigen und zukünftigen Kaufverträgen einschließlich etwaiger Verzugsschäden (Kosten, Zinsen usw.).

Der Schuldbeitritt ist begrenzt auf einen Maximalbetrag von ... Euro."

Weitere Möglichkeiten der Absicherung sind

- Garantievertrag
- Kreditauftrag
- Vorauskasse (insbesondere bei Online-Geschäften oder bei Neukunden)
- Lastschriftenauftrag (Hinweis: Dies schützt nicht vor Zahlungsausfällen)
- Factoring (sehr beliebt, vor allem bei Ärzten)
- Lieferungs-/Leistungsstopp (sehr wirksam)

Individuelle Vertragsgestaltungen

Auch Vertragsgestaltungen tragen dazu bei, das Risiko des Forderungsausfalls zu reduzieren.

Hierunter fallen beispielsweise:

- Preis- und Lieferungs-/Leistungsumfang (zum Beispiel Lieferung „frei Haus")
- Beweisbarkeit der Vereinbarungen (Schriftstücke oder Anwesenheit von unparteiischen Dritten wie Mitarbeiter)

- Aushandeln von Zahlungskonditionen (Fälligkeit, Skonto, Vorkasse, Abschlagszahlungen etc.)
- Vereinbarung von Sicherheiten (Eigentumsvorbehalt, Zahlungsbürgschaft, Bauhandwerkersicherungshypothek etc.)

Merke:

Zeit und Arbeit können erspart werden, wenn die Grundregeln der Herstellung und Lieferung über Allgemeine Geschäftsbedingungen (AGB) vereinbart werden. Die AGB's gelten dann bei allen Kunden. Sie müssen vor Vertragsabschluss vereinbart worden sein. Das Versenden von AGB's mit der Ware reicht nicht für eine wirksame Vereinbarung.

Tipp:

Vorsicht ist besser als Nachsicht. Es ist stets empfehlenswert, eine Absicherung der Forderungen im Vorhinein zu treffen.

Kennt man säumige Kunden, ist Vorauskasse stets eine gute Möglichkeit, Ausfallrisiken bei Forderungen zu vermeiden. Ist die Lieferung/Leistung bereits in Teilen, jedoch noch nicht gänzlich ausgeführt, ist der Lieferungs- oder Leistungsstopp auch eine Möglichkeit, dem Kunden zur Zahlung zu veranlassen.

6.4.2 Eintreibung bei Bestandskunden

Bei Bestandskunden stehen selbstverständlich die gleichen Informationsquellen wie für Neukunden zur Verfügung. Zusätzlich gibt es aber eine Reihe von Informationen aus dem eigenen Unternehmen:

- Wie hat sich das Zahlungsziel (DSO = Days Sales Outstanding) des Kunden entwickelt?
- Wurden die Limite erhöht oder überschritten?
- Gab es Umstellungen in der Zahlungsweise (von Überweisung auf Scheckzahlung)?
- Haben sich Reklamationen und Mängelrügen erhöht?
- Gab es nicht eingehaltene Zahlungszusagen?
- Lässt sich der Kunde verleugnen? Häufen sich „faule Ausreden" (Urlaub, Krankheit, EDV-Probleme)?
- Wurde ein Zahlungsplan angeboten?
- Gab es Veränderungen bei den Bankverbindungen („durchgestrichene" Bankverbindungen auf Geschäftspapieren)?
- Gab es Veränderungen in der Geschäftsführung oder Sitzverlegungen (damit die Insolvenz nicht am ursprünglichen Sitz in der Zeitung steht)?

Je mehr man über den Kunden weiß, desto besser kann das Risiko eingeschätzt werden. Je höher das Risiko, desto mehr Informationen müssen über den Kunden eingeholt werden. Es kann also durchaus im Interesse des Kunden sein, den Lieferanten mit zusätzlichen Informationen zu versorgen, wenn dadurch ein (höherer oder längerer) Lieferantenkredit zur Verfügung gestellt wird.

Bei hohen und ausgeschöpften Limiten müssen zusätzliche Informationen eingeholt werden, zum Beispiel aktuelle Jahresabschlüsse, betriebswirtschaftliche Auswertungen, Summen- und Saldenlisten, Auftragsbestände, Liquiditätspläne, Inventurlisten usw. Evtl. existiert auch ein (Sanierungs-)Konzept.

Immer dann, wenn der Kunde Zugeständnisse von seinem Lieferanten verlangt (verlängerte Valutierung, Erhöhung des Limits, Sanierungsbeiträge), besteht die Chance, die eigene Informationsbasis zu verbreitern.

7. Optimierung des Debitoren- und Kreditorenmanagements

7.1 Debitorenmanagement

7.1.1 Bedeutung

Bedeutung des Forderungsmanagements ist in den vergangenen Jahren bei Geschäftsleitungen, Aufsichtsräten, Wirtschaftsprüfern und bei Banken deutlich gestiegen. Die Gründe hierfür sind insbesondere:

- Hohe Forderungsbestände binden Kapital, verlängern Bilanzen und schmälern Renditen.
- Hohe Forderungsbestände belasten die Liquidität.
- Hohe Forderungsbestände und die dadurch in Anspruch genommene Liquidität verschlechtern die Verhandlungsposition beim Wareneinkauf.
- Hohe Forderungsbestände wirken sich negativ auf die Eigenkapitalquote aus.
- Forderungsausfälle belasten das Ergebnis.

Ein optimiertes Debitoren-(Kreditoren-)Management führt zu folgenden positiven Effekten:

- Kapitalbindung und Rendite
- Verbesserung der Liquiditätssituation
- Stärkung der Verhandlungsposition beim Wareneinkauf
- Erhöhung der Eigenkapitalquote
- Vermeidung von Forderungsausfällen
- Ausgangsrechnungen schnell und richtig schreiben

7.1.2 Kapitalbindung und Rendite

Viele Unternehmen haben Ziele für die Verzinsung des Eigenkapitals und des Gesamtkapitals formuliert. Bei der Ermittlung der Eigenkapitalrendite wird der Gewinn ins Verhältnis zum Kapital gesetzt: Je höher der Gewinn und je geringer das Kapital, desto höher die Eigenkapitalrendite.

Die Umsatzrendite (d. h., wieviel Cent bleiben von jedem Umsatz-Euro als Gewinn übrig) hat den gleichen Einfluss auf die Eigenkapitalrendite wie der Kapitalumschlag (d. h., wie oft dreht sich das Kapital pro Jahr).

Deshalb setzen Unternehmen nicht nur auf die Umsatzrendite als Ziel, sondern auch den Kapitalumschlag.

Der Kapitalumschlag liegt branchenübergreifend etwa bei 2,0 und im Einzelhandel bei 3,0. Im Lebensmitteleinzelhandel kann er auch 10,0 erreichen.

$$Rendite = \frac{Gewinn}{Kapital} = \frac{Gewinn}{Umsatz} \times \frac{Umsatz}{Kapital}$$

Beispiel:

Unternehmer U weist folgende Posten aus:

Gewinn	100.000,00 Euro
Umsatz	2.000.000,00 Euro
Kapital	1.000.000,00 Euro,
Umsatzgewinnrate	5,0 %
Kapitalumschlag	2,0
Rendite	10,0 %

Annahme: Reduzierung der Kapitalbindung durch Forderungsmanagement um 200.000,00 Euro.

Gewinn	100.000,00 Euro
Umsatz	2.000.000,00 Euro
Kapital	800.000,00 Euro
Umsatzgewinnrate	5,0 %
Kapitalumschlag	2,5
Rendite	12,5 %

Ergebnis: Die Reduzierung des Forderungsbestands erhöht die Rendite von 10 % auf 12,5 %.

7.1.3 Verbesserung der Liquiditätssituation

Die Forderungen aus Lieferungen und Leistungen gehören zu den wichtigsten Bilanzpositionen der Aktivseite. Bei reinen Betriebsgesellschaften haben sie oft einen höheren Wert als das Anlagevermögen, welches bei der Stellung entsprechender dinglicher Sicherheiten vergleichsweise einfach finanziert werden kann (Bankfinanzierung, Miete, Leasing).

Forderungen aus Lieferungen und Leistungen dienen allenfalls als schwache Sicherheiten und können nur erschwert (fremd-)finanziert werden (Ausnahme: Factoring). Eine Reduzierung des Forderungsbestandes trägt deshalb entscheidend zur Verbesserung der Liquiditätssituation bei.

7.1.4 Stärkung der Verhandlungsposition beim Warenverkauf

Ein konsequentes Forderungsmanagement verbessert entscheidend die Liquiditätssituation von Unternehmen.

Die liquiden Mittel können u. a. dazu verwendet werden, Lieferanten schneller zu bezahlen. Dies ermöglicht die Inanspruchnahme von Skontierungsmöglichkeiten und stärkt die Verhandlungsposition gegenüber Lieferanten.

7.1.5 Erhöhung der Eigenkapitalquote

Die Eigenkapitalquote – in Deutschland traditionell relativ gering – ist eine entscheidende Komponente beim Rating von Unternehmen. Die Reduzierung des Forderungsbestands führt zu einer Reduzierung der Bilanzsumme und damit des Fremdkapitals. Somit verbessert sich implizit die Eigenkapitalquote.

Beispiel:

Annahme: Reduzierung des Forderungsbestands um 200.000,00 Euro.

Bilanzsumme	1.000.000,00 Euro	Bilanzsumme	800.000,00 Euro
davon Forderungen	400.000,00 Euro	davon Forderungen	200.000,00 Euro
Eigenkapital	200.000,00 Euro	Eigenkapital	200.000,00 Euro
Eigenkapitalquote	20,0 %	Eigenkapitalquote	25,0 %

Ergebnis: Das Forderungsmanagement erhöht die Eigenkapitalquote von 20 % auf 25 %.

7.1.6 Vermeidung von Forderungsausfällen

Forderungsausfälle sind nicht nur ärgerlich, sondern belasten das Ergebnis überproportional. Es stellen sich dabei folgende Fragen: Was kosten Forderungsverluste? und „Wie viel – werthaltiger – Umsatz muss erzielt werden, um den Forderungsverlust auszugleichen?“ Hierbei ist die Vollkosten- von der Grenzkostenbetrachtung zu unterscheiden:

Beispiel: Vollkostenbetrachtung

Umsatzrendite 5,0 %	→ Kosten	95,0 %
ausgefallene Forderung 100,00 Euro	→ Verlust	95,00 Euro
erforderlicher Zusatzumsatz zum Ausgleich des Verlustes (95,00 Euro/5,00 %)		1.900,00 Euro

Beispiel: Grenzkostenbetrachtung

(hoher Anteil variabler Kosten, zum Beispiel Großhandel, Banken)

Rendite des Zusatzumsatzes 20,0 %	→ Zusatzkosten	80,0 %
ausgefallene Forderung 100,00 Euro	→ Verlust	80,00 Euro
erforderlicher Zusatzumsatz zum Ausgleich des Verlustes (80,00 Euro/20,0 %)		400,00 Euro

Beispiel: Grenzkostenbetrachtung

(hoher Anteil Fixkosten, zum Beispiel arbeitsintensive Betriebe bei Auftragsmangel):

Rendite des Zusatzumsatzes 50,0 %	→ Zusatzkosten	50,0 %
ausgefallene Forderung 100,00 Euro	→ Verlust	50,00 Euro
erforderlicher Zusatzumsatz zum Ausgleich des Verlustes (50,00 Euro/50,0 %)		100,00 Euro

Merke:

Je höher der Anteil der variablen Kosten, desto stärker belasten Forderungsausfälle das Ergebnis. Je höher der Anteil der fixen Kosten, desto wichtiger ist die Auftragsakquise ggf. zu geringen Margen.

Beispiel:

Forderungsausfall

Jahresumsatz	1.000.000,00 Euro
Netto-Rendite	3,0 %
Gewinn	30.000,00 Euro
Forderungsausfallquote	1,0 %
Gewinn nach Forderungsausfall	20.000,00 Euro
Erforderlicher Mehrumsatz zur Kompensation	333.333,33 Euro
Dies entspricht einer Umsatzsteigerung von	33,0 %

7.1.7 Kundenschonendes Forderungsmanagement – ein schmaler Grat

Forderungsmanagement hat die Aufgabe, ein wirtschaftliches Optimum zu finden zwischen Verlusten aus Forderungsausfällen (bedingt durch unzureichende Bonitätsprüfung, zu lange Zahlungsziele, inkonsequentes Mahnwesen) und „Verlusten" aus Aufträgen, die nicht akquiriert werden konnten (zum Beispiel aufgrund Vereinbarung von Vorkasse) und aus dem Abgang verärgerter Kunden, die keine weiteren Aufträge erteilen.

Zentrales Ziel ist also die Maximierung des Gewinns durch Vermeidung von Forderungsausfällen und gleichzeitiger Nutzung zusätzlicher Umsatz- und Gewinnchancen (vgl. Abbildung 25).

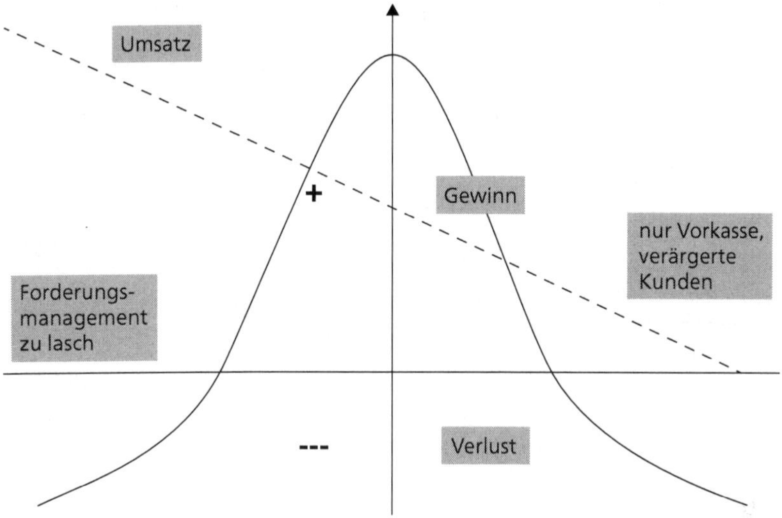

Abbildung 25: Kundenorientiertes Forderungsmanagement – ein schmaler Grat
(Quelle: Eigene Darstellung)

7.1.8 Ausgangsrechnungen schnell und richtig schreiben

Je schneller die Rechnung geschrieben wird, desto schneller und sicherer kommt meist das Geld (vgl. Abbildung 26).

Abbildung 26: Zeitfaktor bei Rechnungsstellung
(Quelle: Eigene Darstellung)

Die Gründe hierfür sind:

- Kunde orientiert sein Zahlungsverhalten am Rechnungsstellungsverhalten.
- Kunde kann sich mit steigendem zeitlichem Abstand nicht mehr detailliert an die Leistung erinnern.
- Kunde schließt aus dem Rechnungsstellungsverhalten auf die Organisation in anderen Bereichen.
- Andere Verbindlichkeiten erhalten für den Kunden eine höhere Priorität.

7.1.9 Debitorenmanagement als Kreditmanagement

Die Einräumung eines Zahlungsziels bzw. die Erbringung von Leistungen ohne Vorkasse ist letztendlich die Gewährung eines Kredits. Insoweit sind daher regelmäßig Kreditentscheidungen zu treffen. In vielen Unternehmen heißt diese Instanz/Stelle „Kreditmanagement".

Die Abläufe und Kompetenzen, die zu einer Kreditentscheidung führen, sind allerdings zu klären und zu regeln. Dazu gehören auch die Festlegung von Standardroutinen in Abhängigkeit von Forderungshöhen, Ländern, Branchen etc.

In Banken beispielsweise dürfen keine positiven Kreditentscheidungen gegen das Votum der „Marktfolge" getroffen werden. Auch in Unternehmen müssen daher die Kompetenzen und Verantwortlichkeiten klar geregelt werden. Dies ist Aufgabe der Organisationsabteilung im Zusammenhang mit dem Qualitäts- und Risikomanagement.

Als Entscheidungshilfe können dabei folgende Kriterien dienen:

Kriterium	**Kunde**	**Eigene Situation**
Sicherheit der Zahlung	Informationsstand	Liquidität
Schnelligkeit der Zahlung	Umsatzanteil	Auslastung
Preis/Rendite	Bonität	Anteil variabler Kosten
	Auftragshöhe	
	Abhängigkeit vom Kunden	

Insoweit ist der jeweilige Einzelfall an diesen Kriterien zu messen, d. h. auf einer Skala von 0 bis 10 zu bewerten und eine Gesamtpunktzahl zu vergeben.

Beispiel:

Kriterium			**Kunde A**	**Kunde B**
Informationsstand über Kunde?	Hoch = 10	Niedrig = 0	8	2
Bonität des Kunden?	Hoch = 10	Niedrig = 0	10	1
Umsatzanteil?	Niedrig = 10	Hoch = 0	8	5
Auftragshöhe?	Niedrig = 10	Hoch = 0	8	3
Abhängigkeit vom Kunden?	Hoch = 10	Niedrig = 0	8	1
Eigene Liquidität?	Schlecht = 10	Gut = 0	8	1
Eigene Auslastung?	Schlecht = 10	Gut = 0	8	2
Anteil variabler Kosten?	Niedrig = 0	Hoch = 10	7	8
Gesamtpunktzahl			**65**	**18**

Kriterium	Kunde A	Kunde B
Geschäftsabschluss	Ohne wesentliche Sicherungsmaßnahmen	Nur gegen Vorkasse oder Gewährung guter Sicherheiten

Typische Konstellationen, bei denen die Sicherheit und Schnelligkeit der Zahlung Priorität vor Preis/Rendite haben: Kunde ist neu und/oder unbekannt oder von bekannt schlechter Bonität; es handelt sich um einen hohen Auftrag. Die eigene Liquidität ist schwach, die Auslastung gut und der Anteil variabler Kosten ist hoch. In einem solchen Fall wird man zugunsten einer schnellen und sicheren Zahlung (ggf. Stellung von Sicherheiten) auch Preiszugeständnisse machen (zum Beispiel durch Anbieten eines hohen Skontos bei schneller Zahlung)."

Ist hingegen der Kunde bekannt und hat eine gute Bonität, werden der Preis bzw. die Rendite eine höhere Priorität vor der Risikovermeidung bekommen: Der Auftrag ist nicht sonderlich hoch, die Abhängigkeit vom Kunden ist hoch, die eigene Auslastung mäßig, die Liquiditätssituation stabil und der Anteil variabler Kosten gering.

Eine entsprechende Kunden-/Auftrags-/Situationsbewertung und deren Dokumentation können zur Entscheidungsfindung, ob und ggf. unter welchen Bedingungen ein Auftrag angenommen werden soll, hilfreich, bei größeren Kreditrisiken unter dem Aspekt des Risikomanagements zwingend sein. In Abhängigkeit von der im Rahmen der Risikobewertung vorgegebenen Gesamtpunktzahl müssen die Forderungssicherungsmaßnahmen streng oder können großzügig gehandhabt werden.

7.1.10 Ablauforganisation im Debitorenmanagement

Basis für ein erfolgreiches Forderungsmanagement ist eine aktuelle und stimmige Debitorenbuchhaltung. Im Rahmen des Qualitätsmanagements ist dafür zu sorgen, dass die Debitorenbuchhaltung besagte Eigenschaften (aktuell und stimmig) aufweist. Dies kann durch einen festgeschriebenen Ablauforganisationsplan gewährleistet werden.

Ein solcher Ablauforganisationsplan im Debitorenmanagement könnte wie folgt ausgestaltet sein:

- Aktuelle Verbuchung der Zahlungseingänge.
- Durchsicht/Abstimmung der Offenen-Posten-Liste.
- Klären der Habensalden (Guthaben von Kunden). Oft stehen diesen noch Soll-Salden gegenüber, die in Wirklichkeit zwar ausgeglichen sind, aus irgendwelchen Gründen aber nicht richtig zugeordnet werden konnten.
- Klären der Verrechnungskonten. Oft sind Kunden auch Lieferanten und umgekehrt. Wenn es für diese sowohl ein Debitoren- als auch ein Kreditorenkonto gibt, besteht die Gefahr, dass Zahlungen auf das Kreditorenkonto

gebucht wurden. Wenn es nur ein Konto gibt, auf dem Ausgangs- wie Eingangsrechnungen, eingehende wie ausgehende Zahlungen gebucht werden, ist zu klären, ob der fälligen Forderung nicht demnächst fällige Verbindlichkeiten gegenüberstehen, mit denen die Forderung verrechnet werden kann.

- Klären doppelter Debitorenkonten. Bisweilen kommt es vor, dass ein schon vorhandener Debitor neu angelegt wird und somit unter zwei Konten geführt wird. Diese Konten sind zusammenzuführen.
- Trennen von Debitorenkonten. Häufig gibt es auf Kundenseite verschiedene rechtliche Institutionen (Holding, Tochtergesellschaften, Besitzgesellschaften etc.). Wenn diese Differenzierung sich nicht in den Debitorenkonten widerspiegelt, kann das dazu führen, dass der falsche Kunde gemahnt wird.
- Klären außergewöhnlichen Zahlungsverzugs. Es gibt eine ganze Reihe von Kunden, die regelmäßig pünktlich bezahlen. Enthält die OPOS-Liste bei diesen Kunden Ausreißer, muss deren Ursache geklärt werden. Im Einzelfall können Reklamationen vorliegen oder es wurden abweichende Zahlungsziele vereinbart. Im Rahmen des Qualitätsmanagements ist sicherzustellen, dass abweichende Vereinbarungen dem „System" und damit auch der Debitorenbuchhaltung bekannt werden.
- Zuordnung von Zahlungen zu Rechnungen. Mit manchen Kunden besteht eine intensive Geschäftsbeziehung und es sind viele Ausgangsrechnungen und eingehende Zahlungen zu verbuchen. Nicht immer ist klar, welche Zahlung zu welcher Rechnung gehört. Wenn nun Zahlungen auf die jeweils älteste Rechnung gebucht werden, kann es zu Irritationen kommen, vor allem wenn der Kunde die eine oder andere Rechnung wegen Reklamationen bewusst (vorerst) nicht bezahlt. Somit werden eventuell Forderungen angemahnt, die längst ausgeglichen sind, und andere Forderungen werden nicht angemahnt, obwohl sie noch offenstehen. Deshalb müssen die Zahlungen den einzelnen Rechnungen zugeordnet werden.

> *Tipp:*
> Bei umfangreichen Geschäftsverbindungen mit überwiegend geringen Beträgen lohnt sich oft der Einsatz von Sammelrechnungen. Dadurch können Kosten gespart werden und es erscheint in der Buchhaltung nur eine Rechnung statt vielleicht 30. Allerdings führt der Einsatz von Sammelrechnungen automatisch zu einer Gewährung längerer Zahlungsziele, es sei denn, es wird mit dem Kunden eine entsprechende Vereinbarung getroffen.

- Klärungskonten ausgleichen. Manchmal ist es schwierig, eingegangene Zahlungen den entsprechenden Forderungen zuzuordnen, da die Angaben des Kunden (teilweise) fehlen oder falsch sind (typischer Fehler: Zahlendreher) Diese Eingänge werden oft auf ein „Klärungskonto" gebucht, wo sie geparkt werden, bis sich ein zu Unrecht gemahnter Kunde meldet.
- Aktuellen Stand verwenden. Wenn der Zahlungsrückstand zweifelsfrei feststeht, muss die Reaktion darauf schnell erfolgen. Idealerweise werden Zah-

lungserinnerungen oder Mahnungen am gleichen Tag verschickt, an dem die aktuellen Kontoauszüge verbucht wurden. Aber: Unberechtigte Mahnungen vermeiden.

Die Qualität einer Debitorenbuchhaltung wird im Wesentlichen nach zwei Kriterien geprüft:

- Vollständige und aktuelle Ermittlung der säumigen Kunden.
- Vermeidung unnötiger Mahnungen.

> *Tipp:*
>
> Mahnungen sind ein wichtiges Instrument des Forderungsmanagements. Mahnungen haben aber immer auch negative Auswirkungen auf die Kundenbeziehung. Deshalb gilt es, ungerechtfertigte Mahnungen zu vermeiden. Die regelmäßige Durchsicht und die Klärung von möglichen Fehlern im Vorfeld ersparen unnötige Mahnungen.

7.2 Optimierung des Kreditorenmanagements

7.2.1 Bedeutung

Ziel des Kreditorenmanagements ist insbesondere die Schaffung dauerhafter Transparenz. Dies lässt sich beispielsweise in Form eines Kreditorenspiegels gewährleisten. Dieser Kreditorenspiegel gibt Aufschluss, mit welchen Zahlungen das Unternehmen in Verzug ist, welche Vereinbarungen mit den Kreditoren bestehen, welche Bedeutung der Lieferant für die Leistungserstellung des Unternehmens hat und mit welcher Strategie er „bei der Stange" gehalten werden kann.

Für das Kreditorenmanagement bedeutet dies, dort Zahlungen zu veranlassen bzw. aktiv auf die Kreditoren zuzugehen, wo unmittelbare Gefahren des Zahlungsverzugs oder der Gefahr einer Skontofrist-Überschreitung drohen.

7.2.2 Prüfung der Eingangsrechnungen

Ein erfolgreiches Geschäfts- und Prozessmanagement ist beispielsweise bei der Rechnungsprüfung durch moderne technologische Unterstützung in Form von Workflow-Management-Systemen mit integrierter Archivierung von Dokumenten auf Speichermedien möglich (vgl. Abbildung 27).

So lassen sich Geschäftsvorfälle parallelisieren, unmittelbar nachdem die den Startprozess auslösende Information im Unternehmen eingeht.

Beispielsweise kann eine Lieferantenrechnung nach dem Eingang im Unternehmen zunächst gescannt, codiert und elektronisch an den zuständigen Bearbeiter weitergeleitet werden. Das traditionelle Prinzip, Kopien anzufertigen, wird durch das Workflow-Management-System elektronisch nachgebildet.

Die Rechnungsprüfung kann unmittelbar nach dem Eingang der Rechnung erfolgen. Der Kreditorenbuchhalter kann anschließend die Rechnung buchen und bei Gefahr einer Skontofristüberschreitung sofort die Zahlung veranlassen.

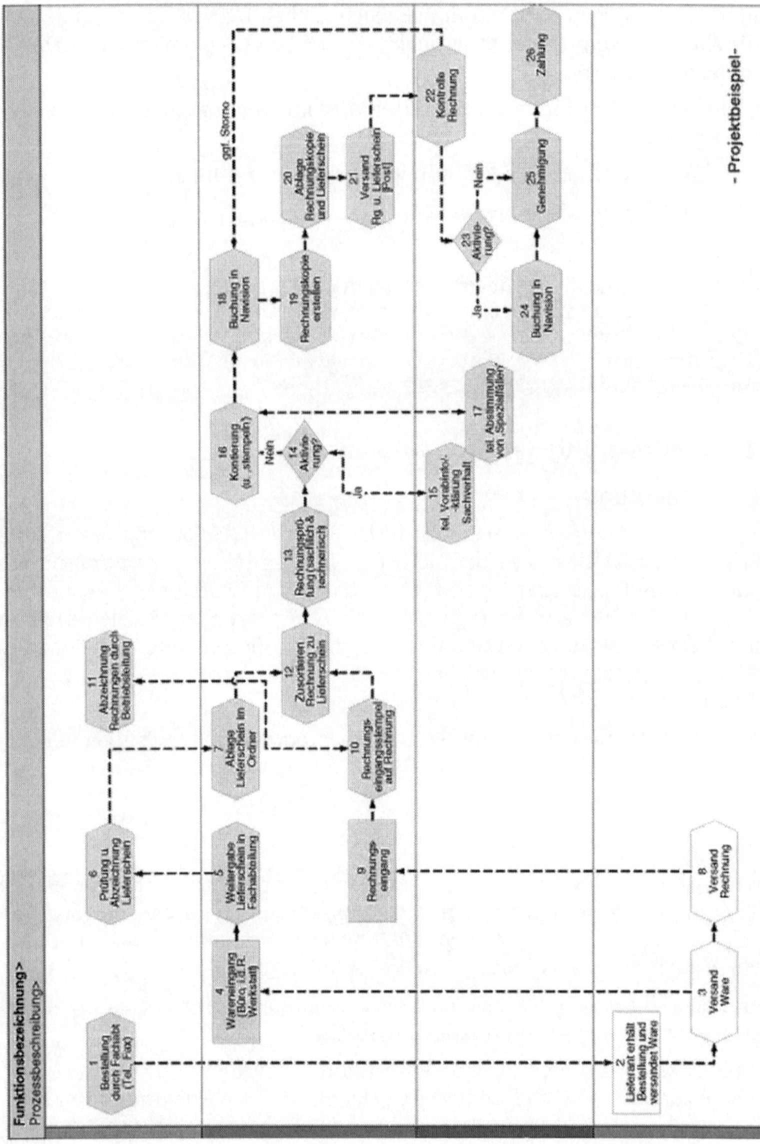

Abbildung 27: Beispiel eines Workflow-Management-Systems

(Quelle: Eigene Darstellung)

Eine maschinell unterstützte statistische Kontrolle der Lieferantendaten verhindert zudem ggf. voreilige Zahlungen bei zu hohen Reklamationsrisiken.

Derartige Veränderungen der Prozesse im Rechnungswesen können somit erhebliche Verkürzungen des Durchlaufes bei erhöhter Arbeitsqualität bewirken.

Als weitere Veränderungsmöglichkeit ist die Trennung von Buchhaltung und Datenerfassung zu nennen. So lässt sich ein Teil der im Rechnungswesen anfallenden Aufgaben zur Beschleunigung der Arbeitsabläufe ohne Qualitätseinbußen in die Prozesse verlagern, in dem die Daten originär anfallen.

Beispielsweise kann die Prüfung der Eingangsrechnung direkt im Beschaffungsprozess (Einkauf) erfolgen. Diese Denkweise fließt auch in den aus operativen Daten anfallenden Buchungsvorgang mit ein.

Die originären Buchhaltungsaufgaben wie Kontenpflege, Zahlungssteuerung, Mahnwesen, u. a., verbleiben allerdings im Rechnungswesen, da hierfür sehr spezielles Fachwissen erforderlich ist.

Denkbar ist auch ein unternehmensübergreifendes Buchen: Insoweit könnten Eingangsrechnungen, die für mehrere rechtlich getrennte Unternehmen gelten, automatisch aufgespalten und auf Basis einer einzelnen Originalbuchung gleichzeitig in mehreren getrennten Unternehmen gebucht werden (zum Beispiel Energierechnungen).

Wichtiges Thema ist hierbei die Vollständigkeit der Rechnung. Unvollständige und unrichtige Rechnungen dienen Kunden mit Liquiditätsproblemen oft als Vorwand für Zahlungsverzögerungen.

Meist fällt es erst nach der ersten oder zweiten Mahnung auf, dass die Rechnung aus Sicht des Kunden fehlerhaft ist und neu auszustellen ist. Obwohl Rechnungen in der Regel maschinell erstellt werden, kommt es immer wieder zu Unrichtigkeiten. Rechenfehler sind zwar selten geworden; oft werden jedoch unzutreffende Preise oder nicht korrekte Mengen oder falsche Zahlungsfristen ausgewiesen.

Bei diesen Unzulänglichkeiten handelt es sich häufig um Kommunikationsmängel zwischen Vertrieb, Produktion und Fakturierung.

Eine *Rechnungsausgangskontrolle* hilft, Reklamationen der Rechnungseingangskontrolle des Kunden und damit Zahlungsverzögerungen vorzubeugen. Außerdem wird der Kunde niedrigere Preise als vereinbart gerne akzeptieren, so dass dem eigenen Unternehmen Schaden entstehen kann, der nicht oder erst (zu) spät bemerkt wird.

7.2.3 Prozessoptimierung

Die Ursachen, die dazu führen, dass die Abschlusserstellung in vielen Unternehmen ein aufwendiger und kostenintensiver Prozess ist, sind in vielfältiger Art und Weise in nahezu allen Unternehmen anzutreffen.

Das Wissen um diese wesentlichen Probleme ist daher wichtig, um das Projektziel sowie den damit zusammenhängenden Umsetzungsaufwand abschätzen zu können.

Erfahrungsgemäß gehören zu den typischen Problemen im Rahmen der Abschlusserstellung nicht nur sog. „harte" Faktoren, sondern auch sog. „weiche" Faktoren, d. h. bestimmte Verhaltensweisen der beteiligten Personen, die ggf. zu Fehlern, Doppelarbeit oder Ineffizienz führen.

Hierzu gehören zum Beispiel:

- Warten auf die Lieferung fehlender bzw. unvollständiger Unterlagen/Daten;
- nochmalige Anforderung von bereits erstellten Unterlagen, da Form/Inhalt der ursprünglich gelieferten Daten nicht der Anforderung entsprach;
- aufwendige Berichtsformatierung für interne Zwecke oder den Abschlussprüfer;
- manuelle Abstimmarbeiten und Fehlersuche;
- manuelle Erstellung von Unterlagen bzw. Berichten, deren Notwendigkeit nicht mehr verstanden wird („... der alte CFO wollte das aber mal haben");
- detaillierte Aufbereitung von Daten, wie sie für den Abschluss gar nicht benötigt werden (zum Beispiel zum Zweck der eigenen Abschlussdokumentation, damit man die Daten, sollten diese noch einmal gebraucht werden, offline verfügbar hat);
- nicht eindeutige oder sich kurzfristig ändernde Bilanzierungsregeln, Bewertungs- oder Ausweisregeln;
- Abschlussarbeiten beginnen erst spät und nach dem Stichtag;
- hoher Anspruch an die Genauigkeit und Warten auf „jeden" Beleg;
- fehlende Termindisziplin und Stapelverarbeitung, d. h., Unterlagen werden zu spät weitergeleitet und dann ggf. alle auf einmal, so dass der Empfänger diese in der verbleibenden Zeit nur schwer abarbeiten kann;
- komplexe und heterogene Systemlandschaft, die manuelle Abstimmarbeiten zwischen den Nebenbüchern und/oder Hauptbuch erfordert (zum Beispiel Fakturierung nicht mit Debitoren integriert) und durch lange Systemlaufzeiten gekennzeichnet ist (zum Beispiel für Erstellung von Berichten, Anlagegittern, Auftragsabrechnung);
- Aufbereitung von Auswertungen und Berichten während der Abschlusserstellung, die für die Erstellung des Jahresabschlusses nicht erforderlich sind (zum Beispiel Kostenstellenanalyse).

Ziel der Ausarbeitung von Einspar- und Optimierungspotentialen ist die Identifikation kreativer und intelligenter Lösungen zur Verkürzung der Abschlusszeit sowie der Reduzierung des für die Abschlusserstellung erforderlichen Aufwandes.

In einer Vielzahl von Projekten hat es sich bewährt, zunächst alle Lösungsideen zu sammeln (Brainstorming) und erst im Anschluss auf Machbarkeit sowie auf

Vereinbarkeit mit Budget und Zeitrahmen zu bewerten. Sehr hilfreich ist auch der Vergleich mit erprobten Lösungen anderer Unternehmen. Auch wenn nicht alle gemeinhin verwendeten Verfahren adaptiert werden können, kann dies sinnvoll sein, um einmal über den eigenen Tellerrand hinaus zu schauen und so die Ideenfindung anzuregen.

Die gefundenen Lösungen sind zu konkretisieren und als Arbeitspakete zu definieren. Diese enthalten konkrete Umsetzungshinweise (wer, was, wie, bis wann, Zeit-/Kostenbudget) und dienen auch später der Beobachtung der Umsetzung.

Hierzu sind die Umsetzungsdauer, ggf. anfallende zusätzlich Kosten (zum Beispiel Hard-/Software) und der dadurch erzielte Effekt (zum Beispiel Verkürzung um zwei Arbeitstage, Reduktion manueller Aufwand) mit den Prozessverantwortlichen abzustimmen und zu prüfen.

Das Ergebnis dieser Phase ist ein abgestimmtes Sollkonzept sowie eine detaillierte Umsetzungsplanung, die ggf. in mehrere Schritte unterteilt ist. Daher ist es bei der Erstellung der Sollkonzeption wichtig, die Umsetzungsplanung und Berücksichtigung einer langen Testphase nicht zu vernachlässigen.

Tipp:

Folgende Punkte können zur Optimierung dienen:

- Rechnungen zeitnah prüfen und richtig buchen;
- regelmäßige Überprüfung der richtigen Stammdaten;
- Einholen von Saldenbestätigungen zur Plausibilisierung der Vollständigkeit und Richtigkeit;
- Dokumentation der Rechnungslegungsgrundsätze;
- Prozessaufnahme, Überprüfung und Verbesserung des Prozesses;
- E-Invoicing, d. h. elektronischer Versand von Rechnungen;
- OCR, d. h. automatische Erkennung gedruckter Zeichen mit Hilfe optischer Abtastung (zum Beispiel durch Scanner);
- Verzahnung von Verkauf und Rechnungsverarbeitung (Workflow);
- elektronisches Dokumentenmanagementsystem;
- Anpassung der IT Struktur zur Kontokorrentbuchhaltung;
- Einbezug anderer Abteilungen in das Management;
- gute Kommunikation zwischen den Abteilungen.

Es kann sinnvoll sein, eine zentrale Stelle zu installieren, die für die Steuerung und Überwachung verantwortlich ist. Diese ist Anlaufstelle für diverse Fragen und koordiniert das Projekt. Des Weiteren überwacht sie die Umsetzung ggf. auch in den Konzerngesellschaften.

Da neben einer schnellen Abschlusserstellung auch die Effizienz der Prozesse ein wesentliches Ziel darstellt, kann die rechtzeitige Abgabe von Bilanz und GuV alleine noch kein Indiz für den Projekterfolg sein. Im Anschluss an den Abschluss sind alle wesentlichen Abschlussprozesse zu überprüfen und auf die gewünschten Effekte hin zu untersuchen (Zeitaufwand, Qualität, Kosten).

7.3 Digitalisierung

7.3.1 Allgemeines

Die Digitalisierung umfasst Anpassungen im Kerngeschäftsmodell, aber vor allem das Rechnungswesen, das Controlling und die Steuerung. Der Prozess der Digitalisierung schreitet in Deutschland im Rechnungswesen immer mehr voran, doch gibt es immer wieder auch erschwerende Aspekte.

Wesentliche Hindernisse sind u. a. noch nicht hinreichend optimierte Prozesse sowie die mangelnde direkte Einbeziehung von Mitarbeitern in umfassende Modernisierungsmaßnahmen.

Während sich gewisse Unternehmen in Deutschland noch zögerlich digitalisieren, so sind die nordischen und baltischen Staaten weiter vorangeschritten. Nur wenige Unternehmen nutzen die Möglichkeiten einer ERP-Umstellung oder den Einsatz neuer Technologien mit vollständiger Automatisierung.

Bisherige digitale Lösungen erfassen vor allem die „Basics" der Digitalisierung. Der Einsatz von Cloud-Computing spielt hier noch eine untergeordnete Rolle. Doch durch die Corona-Krise nimmt der Zug der Digitalisierung Fahrt auf. Immer mehr Firmen stellen auf digitale Prozesse um und erhöhen die Geschwindigkeit des Reportings.

> *Tipp:*
>
> Eine erfolgreiche Digitalisierung sollte sich strategisch an der Ausrichtung des gesamten Unternehmens orientieren. Die Digitalisierung nimmt dabei einen immer höheren Stellenwert ein. Eine Teilbereichsstrategie für die Digitalisierung im Rechnungswesen sollte formell erarbeitet und in eine digitale Roadmap übersetzt werden oder an Projekten wie die Einführung eines neuen ERP-Systems festgemacht werden. Überlegungen des Fachbereichs sollten mit einbezogen werden, um den Erfolg zu festigen. Wichtige Schritte der Digitalisierung berücksichtigen das Ziel der Homogenisierung der Systemlandschaften, so auch die Bereinigung von gewissen Stammdaten mit dem Ziel der Standardisierung von Workflows. Altsysteme sind regelmäßig zu bereinigen.

Gerade der Rechnungseingangsbereich ist bei vielen Firmen im Fokus der Automatisierung. Zwar ist die papierlose Buchhaltung noch nicht flächendeckend verbreitet, doch wird sie in Teilbereichen immer intensiver genutzt.

7.3.2 E-Rechnungen

Die Europäische Richtlinie 204/55/EU definiert den Begriff elektronische Rechnung als Rechnung, die in einem strukturierten elektronischen Format ausgestellt, übermittelt und empfangen wird, das ihre automatische und elektronische Verarbeitung ermöglicht.

Rechnungen können unterteilt werden in unstrukturiert, strukturiert und in hybride Varianten, wie das Schaubild (Abbildung 28) zeigt.

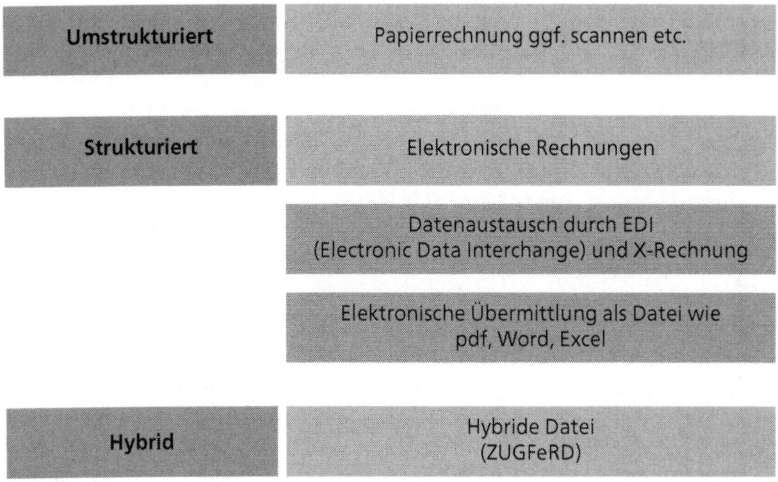

Abbildung 28: E-Rechnungen
(Quelle: Eigene Darstellung)

Hybrid-Rechnungen wie zum Beispiel **ZugFeRD** (= „Zentraler User Guide des Forums elektronische Rechnung Deutschland") stellen PDF-Dateien mit hinterlegter XML-Datei, so dass eine automatische Weiterverarbeitung (Europaweit) erfolgen kann. PDF-Datei und XML Dateien können getrennt als Datei versendet werden.

Das Forum elektronische Rechnung Deutschland (FeRD) hat ein einheitliches und standardisiertes Format für den Austausch strukturierter Rechnungsdaten in Zusammenarbeit mit Verbänden, Ministerien und Unternehmen entwickelt.

Ein Ziel von FeRD ist es, dass elektronische Rechnungen genauso einfach empfangen und versandt werden können wie Papierrechnungen. Dies bedeutet auch, dass der Austausch elektronischer Rechnungen ohne vorherige Absprache möglich ist, was der entscheidende Unterschied – abgesehen vom ausgetauschten Datenvolumen – zu EDI-Verfahren und Branchenlösungen ist, die bilaterale Vereinbarungen voraussetzen (vgl. *https://www.ferd-net.de/standards/was-ist-zugferd/was-ist-zugferd.html*, abgerufen am 19.07.2021).

Unterschieden werden im Wesentlichen drei Versionen, die den umsatzsteuerlichen Vorgaben entsprechen: Basic, Extended und Profit. Je teurer die Version, desto größer sind die Nutzungsfähigkeit.

Zu beachten ist, dass nur die aktuellen ZugFerD Varianten den Anforderungen der EU-Norm entspricht.

> *Hinweis:*
>
> Weitere Informationen sind unter *www.ferd-net.de.*

Mit der E-Rechnungs-Verordnung – E-RechV vom 13.10.2017, BGBl.I 2017 S.3555 wurden weitere EU-Vorgaben umgesetzt. Die sog. X-Rechnung ist eine Alternative zur ZugFeRD Rechnung. Die X-Rechnung entspricht dem Standard der öffentlichen Verwaltung in Deutschland.

Sie ist Technologieneutral, vollständig dokumentiert und vor allem kostenfrei. Die X-Rechnung wird über ein webbasiertes Rechnungsportal in dem einheitlichen Format (X-Rechnung) hochgeladen. Die Registrierung der Unternehmen erfolgt auf dem Verwaltungsportal des Bundes. Der Datenaustausch basiert auf einem strukturierten XML-Format, so dass der Empfänger diesen automatisch weiterverarbeitet kann.

Auch die X-Rechnungen müssen auch den umsatzsteuerlichen Anforderungen genügen.

Zur Nutzung muss eine Registrierung der Unternehmen auf dem Verwaltungsportal des Bundes erfolgen. Belege unter 1.000,00 Euro (Länderabhängig) dürfen weiterhin in Papier erstellt werden.

Die X-Rechnung findet Anwendung seit dem 27.11.2018 (Obere Behörden). Für mittlere Behörden erfolgte die Anwendung zum 27.11.2019; für Länder zum 27.11.2020.

> *Tipp:*
>
> Weitere Informationen hierzu finden Sie unter *www.xoev.de.*

7.3.3 Weitere Automatisierungsmöglichkeiten

Auch eine Anpassung der IT-Struktur für Debitoren- und Kreditorenbuchhaltung kann den Prozess wie folgt optimieren, wie beispielsweise:

- automatische Fremdwährungsbewertung durch Verwendung des SAP Standard ABAP „SAPF100"
- automatische Umgruppierung von debitorischen Kreditoren bzw. kreditorischen Debitoren durch Verwendung des SAP Standard ABAP „SAPF101"
- automatische Erstellung des Fälligkeitsrasters durch Verwendung des SAP Standard ABAP „SAPF101"
- Einführung von Wesentlichkeitsgrenzen für die Intercompany-Abstimmung sowie Optimierung des gesamten Intercompany Prozesses

8. Jahresabschlussarbeiten

8.1 Inventur von Forderungen und Verbindlichkeiten

Das Inventar (§ 240 HGB) setzt sich aus einzelnen Aufstellungen zusammen, aus denen sich alle Vermögensposten und Schulden ergeben. Vermögen und Schulden werden nach Art, Menge und Wert festgehalten. Dieses Verzeichnis wird durch Inventur ermittelt. Inventar und Buchhaltung werden miteinander verglichen. Weicht die Buchführung vom Inventar ab, so ist die Buchhaltung an die tatsächlichen Verhältnisse, wie sie sich aus dem Inventar ergeben, anzugleichen.

Mit der Bestandsaufnahme (Inventur) und dem daraus resultierenden Verzeichnis (Inventar) wird die laufende Buchführung revisioniert. In der Praxis wird ein Inventar oftmals nicht aufgestellt – trotz Pflicht.

Zur Überprüfung der Vollständigkeit und Richtigkeit des Inventars der Bereiche Debitoren- und Kreditorenbuchhaltung erfolgt durch

- Einholung von Saldenbestätigungen,
- Vergleich mit der Entwicklung einzelner Konten im Folgejahr,
- Revision von erfolgten unterjährigen Ausbuchungen und deren Ursache.

8.2 Einholung von Saldenbestätigungen

Im Rahmen der Jahresabschlussprüfung wird vom Wirtschaftsprüfer mit Saldenbestätigungen gearbeitet, die er selbständig einholt. Auch schon im Rahmen der Jahresabschlusserstellung können Saldenbestätigungen zu Debitoren und Kreditoren von Geschäftspartner eingeholt werden. Dabei wird oftmals eine vom anfragenden Unternehmen eine Saldenaufstellung zur Bestätigung versandt.

Untersuchungen haben ergeben, dass Bestätigungsaufstellungen die vorsätzlich falsch erstellt wurden und sodann versendet wurden, zu 60 % als richtig bestätigt retourniert wurden. Es macht daher mehr Sinn, solche Bestätigungen anzufordern, ohne die Detailinformation vorab zu geben.

> *Hinweis:*
>
> Das nachgefragte Unternehmen schuldet die Auskunft nicht – sie erfolgt freiwillig. Daher macht das Einholen von Saldenbestätigungen keinen Sinn bei strittigen Posten.

Wenn Saldenbestätigungen in der Regel auch nicht für das gesamte Kontokorrent eingeholt werden, so macht die Einholung für einen ausgesuchten Kontokorrentbereich durchaus Sinn. Es handelt sich dann um eine Revision im Stichprobenverfahren.

Aufgrund der dabei aufgedeckten Differenzen kann auf die Qualität der Kontokorrentbuchhaltung rückgeschlossen werden und ggf. weitere Maßnahmen eingeleitet werden.

8.3 Vergleich mit dem Folgejahr

Durch einen Vergleich mit dem Folgejahr können Buchungsfehler aufgespürt werden, die zu Abstimmungsdifferenzen führten oder überalterte Forderungen/Verbindlichkeiten ermittelt werden, um dadurch Rückschlüsse auf deren Bewertung zu ziehen und um generell deren Berechtigung zu prüfen. Ein solcher Abgleich sollte zumindest stichprobenweise erfolgen.

8.4 Periodenabgrenzung

Oftmals stellen Lieferanten eine Rechnung für eine im alten Jahr erbrachte Leistung erst im Folgejahr. Eine solche Rechnung wird typischerweise auch erst im neuen Jahr verbucht, da erst mit vorhandener Rechnung der Vorsteuerabzug geltend gemacht werden kann. Dennoch ist der Aufwand verursachungsgerecht im alten Jahr bei Lieferung und Leistung zu berücksichtigen.

> *Hinweis:*
>
> In der Praxis wird der Sachverhalt regelmäßig in Höhe des Nettobetrages als eine „Rückstellung für noch unberechnete Lieferungen und Leistungen" berücksichtigt.

Ähnliches gilt auch für Forderungen. Wurde die Leistung im alten Jahr erbracht, die Rechnung jedoch erst im neuen Jahr erstellt, ist dennoch der Erlös im alten Jahr bei Lieferung oder Leistung (samt Umsatzsteuer) zu erfassen.

8.5 Kontokorrentkonten mit gegensätzlichem Saldo

Debitoren mit Habensaldo (sog. kreditorische Debitoren) und Kreditoren mit Sollsaldo (sog. debitorische Kreditoren) sollten einer genauen Kontrolle unterzogen werden.

Zum Wirtschaftsjahresende sind sog. kreditorische Debitoren umzubuchen auf „Sonstige Verbindlichkeiten", sog. debitorische Kreditoren sind umzubuchen auf „Sonstige Vermögensgegenstände". Grund der Umbuchung ist das handelsrechtliche Saldierungsverbot iSd § 252 HGB. Oft unterbleibt jedoch eine Umbuchung aufgrund von Unwesentlichkeit.

Mit Beginn des neuen Geschäftsjahres erfolgt das „Zurückbuchen" auf die Debitoren bzw. die Kreditoren.

Buchung:

Kreditorischer Debitor in Höhe von 500,00 Euro

10 000	Debitoren	an 3500	sonstige Verbindlichkeiten	500,00 Euro

Gleiches gilt umgekehrt für Kreditoren mit Sollsalden (sog. debitorische Kreditoren), welche ebenso einer genauen Kontrolle unterzogen werden sollten und am Jahresende auf das Konto „Sonstige Vermögensgegenstände" umzubuchen sind.

Buchung:

Debitorischer Kreditor in Höhe von 500,00 Euro

1300	Sonstige Vermögensgegenstände	an 70000	Kreditor	500,00 Euro

8.6 Kaufvertragsstörungen

Forderungen können sich auch verändern, zum Beispiel durch Annahmeverweigerungen, Rücklieferungen oder Beanstandungen.

Eine Überprüfung erfolgt im Rahmen der Aufstellung des Inventars. Innerbetriebliche Lücken im Informationsfluss zu o.g. Ereignissen können aufgespürt werden.

8.7 Anzahlungen

Die erhaltenen und geleisteten Anzahlungen müssen einzeln geprüft werden. Dadurch können zum Beispiel auch vergessene Umbuchungen erhaltener oder geleisteter Anzahlungen aufgespürt werden, die unterblieben sind, obwohl die Endrechnung bereits vorliegt und deshalb eine Umbuchung auf das Kontokorrentkonto hätte vorgenommen werden müssen.

8.8 Preisnachlässe

Zu den Preisnachlässen gehören

- Skonti (im Zusammenhang mit Zahlungen innerhalb einer vorgesehenen Frist),
- Boni (im Nachhinein erteilt, basierend aufgrund von Vereinbarungen in Abhängigkeit von erreichten Umsätzen/Einkaufsvolumina),
- Rabatte (meist nicht im Nachhinein, so dass sich die Buchung in den gekürzten (Anschaffungs-)Kosten niederschlägt,
- übrige Preisnachlässe aufgrund von zum Beispiel Mängeln.

Preisnachlässe werden in der Buchhaltung wie (Teil-)Stornos dargestellt. Die Umsatzsteuer bzw. Vorsteuer ist ebenso zu korrigieren. Dabei richtet sich der Steuersatz immer nach dem Satz der ursprünglichen Buchung beim Ein- oder Verkauf.

Beispiel:

Im Folgejahr wird die Bonusgutschrift erstellt in Höhe von 1.190,00 Euro brutto. Der Sachverhalt ist im alten Jahr wie folgt zu erfassen.

Buchung Kundenbonus:

4740	Gewährte Boni	1.000,00 Euro	an 10 000	Debitor	1.190,00 Euro
3806	USt 19 %	190,00 Euro			

Buchung Lieferantenbonus:

70000	Kreditor	1.190,00 Euro	an 5740	erhaltene Boni	1.000,00 Euro
			an 1406	VSt 19 %	190,00 Euro

Merke:

Die Umsatzsteuer bzw. Vorsteuer ist anteilig zu korrigieren!

8.9 Ausweis Forderungen und Verbindlichkeiten

Forderungen sind zu untergliedern in Forderungen aus Lieferungen und Leistungen (aus der gewöhnlichen Geschäftstätigkeit), Forderungen gegen verbundene Unternehmen (mit Beherrschungsverhältnis), Forderungen gegen Unternehmen, mit denen ein Beteiligungsverhältnis besteht (ab 20 % Beteiligung), und in „Sonstige Vermögensgegenstände" (zum Beispiel Steuer-Forderungen gegen das Finanzamt, Vorschüsse an Mitarbeiter etc.).

Gleiches gilt für Verbindlichkeiten. Unter „Sonstige Verbindlichkeiten" fallen beispielsweise Steuerschulden gegenüber dem Finanzamt, Lohnsteuer, Schulden aus Sozialversicherungsbeiträgen etc.

Gerade im Bereich der Verbindlichkeiten bietet es sich an, einen Verbindlichkeiten-Spiegel zu erstellen (Anhang Angabe für Verbindlichkeiten, unterteilt in kurzfristig, mittelfristig und langfristig). Ggf. ist auch eine Verzinsung geboten.

8.10 Fremdwährungsforderungen und -verbindlichkeiten

8.10.1 Allgemeines

Forderungen und Verbindlichkeiten aus Lieferungen und Leistungen, die auf eine Fremdwährung lauten, werden als Fremdwährungsforderungen (Valutaforderungen) bzw. Fremdwährungsverbindlichkeiten bezeichnet.

Auf fremde Währung lautende Forderungen und Verbindlichkeiten sind im Rahmen der Erstbewertung zum Geldkurs (Briefkurs) zum Zeitpunkt der Entstehung (Zeitpunkt der Lieferung und Leistung) in Euro umzurechnen. Kursgewinne oder –Verluste können erst bei Zahlung realisiert werden.

Tipp:

Sofern die Umrechnung manuell erfolgt, kann der Tageskurs z. B. auf *www.oanda.de* abgelesen werden.

Beispiel:

Rechnung lautet auf 12.000,00 CHF; der Umrechnungskurs beläuft sich auf 1,00 Euro = 1,20 CHF.

Lösung: Die Forderung bzw. Verbindlichkeit ist mit 10.000,00 Euro in der Buchhaltung zu erfassen.

Da die Kurse regelmäßig schwanken, kommt es bei Zahlung meist zu Kursdifferenzen. Maßgebend ist nun der Geldkurs bei Zahlung. Die Differenz wird auf entweder auf dem Konto „Aufwand Kursdifferenz" oder dem Ertragskonto „Kursdifferenz" gebucht. Da das HGB ein Saldierungsverbot nach § 252 HGB vorsieht, sind getrennte Konten zu führen. Eine Saldierung von Kursgewinnen und -verlusten auf einem Konto ist zu vermeiden.

Beispiel:

Die Rechnung über 12.000,00 CHF wird 30 Tage später bezahlt. Auf der Bank geht ein Betrag von umgerechnet 9.900,00 Euro ein.

Die Differenz zur eingebuchten Rechnung (10.000,00 Euro ./. 9.900,00 Euro =) beträgt 100,00 Euro.

Buchung bei einer Forderung:

1800	Bank	9.900,00 Euro	an 10002	Debitor	10.000,00 Euro
6880	Aufw. Kursdifferenz	100,00 Euro			

Buchung bei einer Verbindlichkeit:

3300	Verbindlichkeit LuL	10.000,00 Euro	an 1800	Bank	9.900,00 Euro
			an 4840	Ertrag Kursdiff.	100,00 Euro

Regelmäßig werden Fremdwährungsforderungen und -verbindlichkeiten beispielsweise über ein Devisentermingeschäft oder Verkaufsoptionen abgesichert. Dadurch vermeidet der Bilanzierende potenzielle Einbußen auf Grund sinkender Umrechnungskurse. Auf Grund der Einzelbewertung (§ 252 HGB) ist das Devisentermin- bzw. Optionsgeschäft grundsätzlich getrennt von dem der Forderung bzw. Verbindlichkeit zu Grunde liegenden Geschäft zu bilanzieren. Eine Kompensation von Kurssicherungsgeschäft und dem zu Grunde liegenden Vertrag ist unter bestimmten Voraussetzungen möglich (Bewertungseinheit; § 254 HGB). Gefordert werden hierfür in der Höhe und der Währungseinheit identische Beträge, gleiche Fälligkeiten sowie Risikoidentität.

Ist eine Währungsforderung oder -verbindlichkeit durch ein Devisentermingeschäft oder eine Verkaufsoption gesichert, ist sie im Handelsrecht zum Terminkurs/Basispreis um zu bewerten, sofern das Deckungsgeschäft den gleichen Betrag und die gleiche Fälligkeit hat und kein Ausfall- oder Zahlungsverzögerungsrisiko besteht.

8.10.2 Bewertung zum Stichtag

Fremdwährungsforderungen und -verbindlichkeiten sind zum Stichtag neu zu bewerten. Die Umrechnung erfolgt nun mit einem Durchschnittskurs, dem sog. Devisenkassamittelkurs. Der jeweilige Kurs kann bspw. auf der Homepage der Bundesbank (*www.bundesbank.de*) entnommen werden.

Beträgt die Laufzeit weniger als ein Jahr, ist im Handelsrecht zwingend dieser Kurs anzusetzen. Das Vorsichtsprinzip wird dabei außer Kraft gesetzt mit der Folge, dass auch nicht realisierte Kursgewinne zu zeigen sind, § 256a S. 2 HGB i. V. m. § 252 Abs. 1 Nr. 4 HGB. Die Kursdifferenz aus der (nochmaligen) Umrechnung ist auf das gleichnamige Konto zu buchen.

Nur wenn die Restlaufzeit mehr als ein Jahr ist, greifen wieder die Grundprinzipien vom Vorsichtsprinzip, so dass in diesen Fällen nicht realisierte Gewinne nicht auszuweisen sind.

Beispiel: Fremdwährungsforderung

Die Forderung wurde mit umgerechnet 10.000,00 Euro gebucht. Zum 31.12. beträgt die Forderung, umgerechnet auf Basis vom Devisenkassamittelkurs.

a) 9.800,00 Euro
b) 10.900,00 Euro

Die Forderung hat eine Laufzeit von weniger als einem Jahr. Die Kursschwankung ist vorübergehend.

Lösung:

Die Forderung ist im Handelsrecht wie folgt anzusetzen:

- Im Fall a) mit 9.800,00 Euro aufgrund des Vorsichtsprinzip (Abschreibungspflicht auch bei vorübergehender Wertminderung nach § 253 Abs. 4 HGB).
- Im Fall b) mit 10.900,00 Euro, da aufgrund der Ausnahme-Regelung das Vorsichtsprinzip außer Kraft gesetzt wird (§ 256a S. 2 HGB).

Die jeweilige Differenz von 200,00 Euro (Fall a) und 900,00 Euro (Fall b) ist über das Konto 6880 Aufwand Kursdifferenz bzw. 4840 Ertrag Kursdifferenz zu buchen.

Hinweis:

Beträgt die Laufzeit mehr als ein Jahr würde sich lediglich im Fall b die Bewertung ändern, da die Forderung dann nur max. in Höhe der Anschaffungskosten von 10.000,00 Euro bewertet werden darf (§ 253 Abs. 1 HGB).

Beispiel: Fremdwährungsverbindlichkeit

Die Verbindlichkeit wurde mit umgerechnet 10.000,00 Euro gebucht. Zum 31.12. beträgt die Forderung, umgerechnet auf Basis vom Devisenkassamittelkurs.

a) 9.800,00 Euro
b) 10.900,00 Euro

Die Verbindlichkeit hat eine Laufzeit von weniger als einem Jahr. Die Kursschwankung ist vorübergehend.

Lösung:

Die Forderung ist im Handelsrecht wie folgt anzusetzen:

- Im Fall a) mit 9.800,00 Euro, da die Ausnahme-Regelung greift. Das Vorsichtsprinzip wird außer Kraft gesetzt wird (§ 256a S. 2 HGB).
- Im Fall b) mit 10.900,00 Euro aufgrund des Vorsichtsprinzips (Höchstwertprinzip nach § 252 Abs. 1 Nr. 4 HGB).

Die jeweilige Differenz von 200,00 Euro (Fall a) und 900,00 Euro (Fall b) ist über das Konto Ertrag Kursdifferenz bzw. Aufwand Kursdifferenz zu buchen.

Hinweis:

Beträgt die Laufzeit mehr als ein Jahr würde sich lediglich im Fall a die Bewertung ändern, da die Verbindlichkeit mind. mit 10.000,00 Euro bewertet werden muss (§ 253 Abs. 1 HGB).

Merke:

Im Steuerrecht erfolgt die Bewertung der Fremdwährungsforderungen und -verbindlichkeiten in der Regel mit den Anschaffungskosten, da die Kursschwankungen vorübergehend sind (§ 6 Abs. 1 Nr. 2 und Nr. 3 EStG). Die Abweichung in der Bewertung zwischen Handelsbilanz- und Stundenbilanz kann latente Steuern auslösen.

8.11 Wertberichtigungen von Forderungen

8.11.1 Einteilung der Forderungen

Handelsrechtlich gilt das Strenge Niederstwertprinzip, d. h. Abschreibung sind auf den niedrigeren beizulegenden Wert bei dauerhafter und vorübergehender Wertminderung vorzunehmen, § 253 Abs. 4 HGB. Steuerlich besteht ein Abschreibungswahlrecht nur bei dauerhafter Wertminderung. Bei vorübergehender Wertminderung gilt das Abschreibungsverbot § 6 Abs. 1 Nr. 2 EStG.

Forderungen werden im Rahmen der Bewertung in einwandfreie (zahlungssichere) Forderungen, in uneinbringliche (sicherer Forderungsverlust) und in Zweifelhaft Forderungen (unsichere Forderungen) eingeteilt. Die Bewertungsfolgen sind unterschiedlich (Abbildung 29).

Einteilung der Forderungen in

Einwandfreie ↓ Pauschalwertberichtigung (PWB) ohne USt-Korrektur

Uneinbringliche ↓ Forderungsverlust mit USt-Korrektur ↓ direkte Abschreibung

Zweifelhafte ↓ Einzelwertberichtigung (EWB) ohne USt-Korrektur ↓ indirekte Abschreibung

Abbildung 29: Wertberichtigungen von Forderungen
(Quelle: Eigene Darstellung)

8.11.2 Uneinbringliche Forderung

Uneinbringliche Forderungen sind in voller Höhe abzuschreiben. Mit der Vollabschreibung tritt die Entgeltänderung ein (§ 17 Abs. 2 Nr. 1 UStG) ein, die zur Berichtigung des Umsatzsteuerkontos führt. Diese Berichtigung ist mit Vorliegen der Gründe für die Vollabschreibung vorzunehmen, unabhängig vom Bilanzstichtag (Abschn. 17.1 Abs. 5 UStAE; OFD Hannover, Verfügung v. 17.01.2006).

Für uneinbringliche Forderungen gilt § 17 Abs. 2 Nr. 1 UStG. Danach hat der Unternehmer, der diesen Umsatz ausgeführt hat, den dafür geschuldeten Steuerbetrag und der Unternehmer, an den dieser Umsatz ausgeführt worden ist, den dafür in Anspruch genommenen Vorsteuerabzug entsprechend zu berichtigen, wenn das vereinbarte Entgelt uneinbringlich geworden ist.

Uneinbringlichkeit ist gegeben, wenn eine Forderung entweder rechtlich oder tatsächlich auf absehbare Zeit nicht mehr durchsetzen kann (BFH v. 10.03.1983 – V B 46/80, BStBl. II 1983 S. 389; R 17.1 Abs. 5 UStAE).

Bespiele:

- Eröffnung des Insolvenzverfahrens hat zunächst die Uneinbringlichkeit zur Folge (BFH 1987 S. 226, Abschn. 17.1. Abs. 11/12 UStAE).
- Forderungsausfall droht mit einiger Wahrscheinlichkeit (allgemein bekannte schlechte wirtschaftliche Lage des Schuldners).
- Wechsel konnte nicht eingelöst werden.
- Die Einrede der Verjährung wurde begründet erhoben (BFH 1983 S. 389).
- Minderung durch Vergleich.
- Forderung war für geraume Zeit nicht durchsetzbar (BFH 1983 S. 389).
- Erfolglose Beitreibungsversuche.
- Mangelnder Zahlungswille des Schuldners.
- Insolvenz wird mangels Masse abgewiesen

Buchung bei Uneinbringlichkeit:

Forderung 11.900,00 Euro brutto

6936	Forderungsverluste	10.000,00 Euro	an 10002	Debitor	11.900,00 Euro
3806	Umsatzsteuer 19 %	1.900,00 Euro			

(ggf. Kto 6280, wenn Forderungsverlust unüblich hoch)

Eine Forderung ist aber nicht schon dann uneinbringlich, wenn der Leistungsempfänger die Zahlung nach Fälligkeit verzögert, sondern erst, wenn der Anspruch auf Entrichtung des Entgelts nicht erfüllt wird und bei objektiver Betrachtung damit zu rechnen ist, dass der Leistende die Entgeltsforderung (ganz oder teilweise) jedenfalls auf absehbare Zeit nicht durchsetzen kann (BFH v. 22.04.2004 – V R 72/03, BStBl. II 2004, 684). Die Umsatzsteuer darf regelmäßig erst zum Zeitpunkt des tatsächlichen Ausfalls korrigiert werden (§ 17 UStG).

Kommt es im Nachhinein wider Erwarten zu einem Zahlungseingang, lebt die ursprünglich korrigierte Forderung wieder auf mit dem damaligen Steuersatz.

Buchung:

Wider Erwarten gehen auf dem Bankkonto 595,00 Euro brutto ein.

1800	Bank	595,00 Euro	an 4925	Ertrag aus abgeschriebener Forderung	500,00 Euro
			an 3806	USt 19 %	95,00 Euro

> *Hinweis:*
>
> Die Umsatzsteuer lebt in Höhe des Steuersatzes auf, mit dem die Forderung ursprünglich eingebucht wurde.

8.11.3 Zweifelhafte Forderungen

Zweifelhaftigkeit rechtfertigt keine Ausbuchung der Forderung lediglich eine sogenannte Einzelwertberichtigung. Indizien für Zweifelhafte Forderungen sind:

- Ratenzahlung
- Inkasso
- Mahnverfahren
- Mahnbescheid
- Klage
- Einsatz von Rechtsanwalt
- Unbegründete Qualitätsmängel
- Nicht-Erreichbarkeit des Kunden
- etc.

Zweifelhafte Forderungen, bei denen begründete Anhaltspunkte für eine nur teilweise Realisierung vorliegen, werden in voller Höhe ausgesondert und auf das aktivische Bestandskonto „Zweifelhafte Forderungen" unter Ansatz ihres wahrscheinlichen Wertes umgebucht.

Der vermutete und wahrscheinliche Forderungsausfall ist abzuschreiben. Eine Änderung der umsatzsteuerlichen Bemessungsgrundlage wird dadurch nicht bewirkt. Für die in Höhe des in der Forderung enthaltenen Umsatzsteuerbetrages besteht kein Ausfallrisiko. Der abzuschreibende Betrag ist von der Nettoforderung (ohne Umsatzsteuer) zu berechnen.

Mögliche Buchungen bei Zweifelhaftigkeit der Forderung Debitor ABC-GmbH

1240	Forderungen Zweifelhaft	an 10002	Debitor ABC GmbH

Diese Buchung ist handelsrechtlich nicht vorgeschrieben, sie ist freiwillig.

Im Weiteren erfolgt die Wertberichtigung in Form der sog. Einzelwertberichtigung, auch „EWB" genannt. Die Höhe der Korrektur erfolgt netto und nach vernünftiger kaufmännischer Beurteilung meist prozentual.

6923 Aufwand Einstellung EWB (sonst. betr. Aufwand)	an 1246 Bestandskonto EWB (Unterkonto Forderungen LuL)

Beispiel:

Die Forderung gegen Debitor Meier (10005) von brutto 11.900,00 Euro ist zweifelhaft. Der Ausfall wird auf 50 % geschätzt.

Buchung:

1240	Zweifelhafte Forderungen	11.900,00 Euro	an 10005	Debitor Meier	11.900,00 Euro

Die Wertberichtigung errechnet sich aus 50 % des Nettobetrages von 10.000,00 Euro.

Buchung der Einzelwertberichtigung:

6923	Aufwand Einstellung EWB	5.000,00 Euro	an 1246	EWB (Unterkonto Forderung)	5.000,00 Euro

Fortführung: Im Folgejahr mindert sich das Ausfallrisiko auf 4.000,00 Euro. Die EWB ist entsprechend aufzulösen.

Buchung:

1246	EWB (Unterkonto Forderung)		an 4923	Ertrag Auflösung EWB	1.000,00 Euro

8.11.4 Pauschalwertberichtigung

Bei der Pauschalen Wertberichtigungen (sogenannte PWB) handelt es sich lediglich um eine Schätzung des mutmaßlichen Ausfallrisikos anhand von Umständen der Vergangenheit, nicht um eine Einzelfallbeurteilung. Die Pauschalwertberichtigung erfolgt auf den gesamten Forderungsbestand nach einem betrieblichen Erfahrungssatz.

Pauschale Forderungsabwertungen können auf Grund spezieller Kreditrisiken aber vor allem auf Grund des allgemeinen Kreditrisikos vorgenommen werden. Das kommt insbesondere dann in Betracht, wenn umfangreiche Forderungsbestände aus zahlreichen kleineren Einzelforderungen vorliegen. Die Bewertung erfolgt nach branchenüblichen Sätzen und individuellen Erfahrungswerten der Vergangenheit des Unternehmens mit Hilfe prozentualer Abschläge. Erhöhungen eines einmal gewählten Wertberichtigungssatzes sind nur mit Nachweis wesentlich veränderter Verhältnisse durchsetzbar (Bewertungsstetigkeit nach§ 252 Abs. 1 Nr. 6 HGB). Diese Einziehungskosten wie Mahn- oder Prozesskosten bei der Berechnung des pauschalen Satzes kann nur dann erfolgen, wenn kein Erstattungsanspruch besteht oder der Unternehmer glaubhaft versichert, dass er auf die Geltendmachung dieser Kosten aus betrieblichen Gründen verzichtet.

> *Hinweis:*
>
> Steuerlich ist die Pauschalsatzhöhe durch objektiv nachprüfbare Tatsachen abzustützen. Die Finanzverwaltung geht in einem nicht veröffentlichten Erlass seit 1995 von einer Nichtaufgriffsgrenze von 1 % aus. Ein Rechtsanspruch des Steuerpflichtigen auf Anerkennung einer Pauschalwertberichtigung von 1 % lässt sich hieraus jedoch nicht ableiten.

Die Bemessungsgrundlage bei der Bildung der Pauschalwertberichtigung ist der Netto-Betrag der Forderungen nach Abzug der einzelberichtigten Forderungen, da erst der tatsächliche Forderungsausfall die Umsatzsteuerkorrektur auslöst.

Die Berechnung können Sie folgendem Schema entnehmen:

Forderungsbestand netto
./. uneinbringliche Forderungen (netto)
./. gesicherte Forderungen (zum Beispiel durch Grundpfandrechte, Debitorenversicherung, Factoring, Eigentumsvorbehalt etc.)
./. zweifelhafte Forderungen (netto)
= pauschalwertberichtigte Forderungen (netto)

Davon betrieblicher Erfahrungssatz (zum Beispiel 1 %)
= **Pauschalwertberichtigung**

Buchung:

6920 Aufwand Einstellung PWB (sonst. betrieblicher Aufwand)	an 1248 Bestandskonto PWB (Unterkonto Forderungen LuL)

Die pauschale Wertberichtigung ist grundsätzlich jährlich anzupassen. Vermindert sich der Wertberichtigung, so ist die PWB aufzulösen.

Buchung:

1248 Bestandskonto PWB	an 4920 Ertrag aus der Auflösung PWB (sonst. betrieblicher Ertrag)

Das folgende **Beispiel** erläutert die Berechnungsmethode.

Der bilanzierende Gewerbetreibende hat am 31.12.01 einen Forderungsbestand von 232.000,00 Euro einschließlich 19 % USt. In dem Forderungsbestand ist eine Forderung in Höhe von 11.900,00 Euro enthalten, die zweifelhaft und für die eine EWB in Höhe von 3.000,00 Euro gebildet worden ist. Zudem sind Forderungen in Höhe von 23.800,00 Euro durch eine Bürgschaft abgesichert.

Berechnung PWB:

	Forderungen gesamt netto	200.000,00 Euro
./.	Zweifelhafte Forderungen netto (nicht EWB!)	10.000,00 Euro
./.	Gesicherte Forderungen netto	20.000,00 Euro
=	Summe	170.000,00 Euro
× 1 % = PWB		1.700,00 Euro

Buchung:

6923	Aufwand Einstellung PWB	an 1248	PWB (Unterkonto Forderung)	1.700,00 Euro

Im Folgejahr vermindert sich die PWB auf 1.500,00 Euro.

Buchung:

1248	PWB (Unterkonto PWB)	an 4823	Ertrag Auflösung PWB	200,00 Euro

Die Forderungen (gesamt) ermitteln sich zum 31.12.01 wie folgt:

	Forderungen gesamt brutto	238.000,00 Euro
./.	EWB	3.000,00 Euro
./.	PWB	1.700,00 Euro
Forderungsausweis Bilanz		233.300,00 Euro

9. Kennzahlen im Kontokorrent

9.1 Kunden- und Lieferantenziel

Die durchschnittliche Dauer der Außenstände kann durch die OPOS-Auswertungen ermittelt werden. Sie bildet eine Grundlage zur Warenkalkulation.

Mit dem Kunden- und Lieferantenziel kann ermittelt werden, wie schnell die Kunden- bzw. die Lieferantenzahlungen im Durchschnitt erfolgen.

Die Berechnung des Kundenziels erfolgt nach folgender Formel:

$$\textit{Durchschnittsbestand an Forderungen LuL} \times 360 \div \textit{Umsatzerlöse} = \textit{Kundenziel}$$

Beispiel:

100.000,00 Euro × 360 ÷ 1.200.000,00 Euro = 30 Tage

Die durchschnittliche Zielinanspruchnahme liegt bei 30 Tagen.
Bei einem Anstieg der Forderungen auf 200.000,00 Euro ergäbe sich folgendes Bild:

200.000,00 Euro × 360 ÷ 1.200.000,00 Euro = 60 Tage

Die Dauer die Lieferantenaußenstände (Lieferantenziel) kann mit Hilfe der Kennzahl „Lieferantenziel“ wie folgt berechnet werden:

$$\textit{Durchschnittsbestand an Verbindlichkeiten LuL} \times 360 \div \textit{Einkaufsvolumen} = \textit{Lieferantenziel}$$

Beispiel:

100.000,00 Euro × 360 ÷ 1.500.000,00 Euro = 24 Tage

Die durchschnittliche Zielinanspruchnahme liegt bei 24 Tagen.
Bei einem Anstieg der Verbindlichkeiten auf 300.000,00 Euro ergäbe sich folgendes Bild:

300.000,00 Euro × 360 ÷ 1.500.000,00 Euro = 72 Tage

> *Tipp:*
>
> Es ist ratsam, ausländische von inländischen Forderungen bzw. Verbindlichkeiten im Rahmen der Berechnung zu trennen, da ausländischen Forderungen bzw. Verbindlichkeiten meist ein längeres Zahlungsziel haben und so die Quote beeinflussen.

9.2 Forderungsquote

Die Forderungsquote ermittelt den Anteil der Forderungen am Gesamtvermögen (Bilanzsumme).

Berechnung:

Forderungen LuL × 100 ÷ Gesamtvermögen = Forderungsquote

Beispiel:

Forderungen betragen 100.000,00 Euro, das Gesamtvermögen 600.000,00 Euro.

100.000,00 Euro × 100 ÷ 600.000,00 Euro = 16,67 %

Der Anteil der Forderungen am Gesamtvermögen (Bilanzsumme) beträgt hier 16,67 %.

Vorsicht, diese Kennziffer führt zu unterschiedlichen Ergebnissen, je nachdem, ob sich die Bankkonten im Guthaben befinden, oder einen Schuldsaldo ausweisen.

Bei einem Anstieg der Forderungen auf 200.000,00 Euro ergäbe sich folgendes Bild:

200.000,00 Euro × 100 ÷ 700.000,00 Euro = 28,57 %

Hierbei ist unterstellt, dass ich die Bankkonten im Minus befinden. Die Forderungen sind erhöht, somit auch die Bilanzsumme der Aktiva auf 700.000,00 Euro. Auch die Banksalden sind erhöht im Minus mangels Geldeingänge, somit auch Erhöhung der Bilanzsumme auf der Passiva-Seite auf 700.000,00 Euro.

Befinden sich die Bankkonten hingegen im Guthaben, ergäbe sich bei einem Anstieg der Forderungen auf 200.000,00 Euro folgendes Bild:

200.000,00 Euro × 100 ÷ 600.000,00 Euro = 33,33 %

Hierbei ist unterstellt, dass ich die Bankkonten im Guthaben befinden. Die Forderungen sind zwar erhöht, aber die positiven Banksalden sind mangels Geldeingängen entsprechend niedriger. Das gleicht sich auf der Aktiva Seite aus, somit auch keine Änderung der Bilanzsumme. Diese bleibt bei 600.000,00 Euro.

Hinweis:

Eine steigende Forderungsquote könnte verursacht sein, durch verlängertes Zahlungsverhalten der Kunden, das Gleiche gilt für die Kennziffer Kundenziel. Das Mahnwesen muss in diesem Falle angepasst werden. Hier könnte Optimierungspotential liegen.

9.3 Fremdkapitalquote

Die Fremdkapitalquote setzt das Fremdkapital in Vergleich zum Gesamtkapital (Bilanzsumme):

Berechnung:

Verbindlichkeiten LuL × 100 ÷ Gesamtkapital = Fremdkapitalquote

Beispiel:
Verbindlichkeiten betragen 100.000,00 Euro, die Bilanzsumme 800.000,00 Euro.
100.000,00 Euro × 100 ÷ 800.000,00 Euro = 12,25 %
Der Anteil der Verbindlichkeiten am Gesamtkapital (Bilanzsumme) beträgt hier 12,25 %.

Beachte:
Die Kennziffer führt zu unterschiedlichen Ergebnissen, je nachdem, ob sich die Bankkonten im Guthaben befinden, oder einen Schuldsaldo ausweisen.

Diese Fremdkapitalquote klingt im ersten Moment sehr gut, doch kommt es bei der tatsächlichen Beurteilung und Interpretation immer darauf an, über welche Eigenkapitalrentabilität das Unternehmen verfügt bzw. wie hoch der derzeitige Fremdkapitalzinssatz ist (sog. Leverage-Effekt).

9.4 ABC-Analyse der Kunden

Die ABC-Analyse stellt eine Einteilung der Kunden in der Regel drei Umsatzgrößen dar, wie beispielsweise A-Kunden, B-Kunden und C-Kunden – ähnlich wie bei einem Bankrating.

Die EDV-Programme lassen eine individuelle Einteilung der Umsatzgrenzen zu, die auch verändert werden können. So lassen sich Erkenntnisse insbesondere für die Bonuspolitik gewinnen, aber auch die Bonusabrechnung selbst wird durch die gestaffelten Listen erleichtert.

Halten sich viele Kunden in einer gewissen Umsatzzone auf, sollte eventuell die nächste Bonusgrenze etwas über dieser Zone angesiedelt werden.

9.5 Liquidität 1. und 2. Grades

Die Liquiditätsrate verdeutlicht, ob das Unternehmen in der Lage ist, die kurzfristigen Schulden durch kurzfristige Mittel (Bankguthaben, Kasse) zu begleichen.

Berechnung Liquidität 1. Grades:

Liquidität I = flüssige Mittel × 100 ÷ kurzfristiges Fremdkapital

Die „Liquidität I" drückt die Finanzierung des Umlaufvermögens (= Bank + Kasse) durch kurzfristiges Fremdkapital aus. Sie zeigt somit, ob zur Deckung des kurzfristigen Fremdkapitals genügend Mittel zur Verfügung stehen, ohne dass das Anlagevermögen angegriffen werden oder der Forderungs- und Warenbestand zur Liquiditätserhaltung verschleudert werden muss.

Beispiel:

Bank und Kasse haben einen Bestand von 100.000,00 Euro, kurzfristige Schulden von 80.000,00 Euro.

$Liquidität\ I = 100.000{,}00\ Euro \times 100 \div 80.000{,}00\ Euro = 125\ \%$

Hieraus wird ersichtlich, dass das Unternehmen über so hohe flüssige Mittel verfügt, dass die Schulden sofort beglichen werden können. Dies ist immer dann gegeben, wenn der Liquiditätsgrad ≥ 100 % ist.

Berechnung Liquidität 2. Grades:

$Liquidität\ II = (\,flüssige\ Mittel + Forderungen\ LuL\,) \times 100 \div kurzfristiges\ Fremdkapital$

Die „Liquidität II" drückt die Finanzierung des Umlaufvermögens (Bank + Kasse+ Forderungen) durch kurzfristiges Fremdkapital aus. Sie zeigt somit, ob zur Deckung des kurzfristigen Fremdkapitals genügend Mittel durch Eintreibung von Forderungen und durch Bestände von Bank und Kasse zur Verfügung stehen.

Beispiel:

Bank und Kasse haben einen Bestand von 100.000,00 Euro, Forderungen (LuL) von 50.000,00 Euro und kurzfristige Schulden von 100.000,00 Euro.

$Liquidität\ II = (\,50.000{,}00\ Euro + 100.000{,}00\ Euro\,) \times 100 \div 100.000{,}00\ Euro = 150\ \%$

Hinweis:

Vorsicht, wenn langfristige Forderungen im Kontokorrent enthalten sind, wie zum Beispiel Valutarechnungen, Sicherheitseinbehalte. Sie müssen vor Ermittlung dieser Kennziffer abgesondert werden.

9.6 Materialaufwandsquote

Die Materialaufwandsquote ergibt sich aus folgender Berechnung:

$Materialaufwandsquote = Materialaufwand \div Gesamtleistung \times 100$

Die Gesamtleistung ist die Summe aus Umsatzerlösen, Bestandsveränderung und andere aktivierte Eigenleistung, d.h. sie setzt sich aus den ersten drei Posten der Gewinn- und Verlustrechnung nach § 275 Abs. 2 HGB zusammen.

Beispiel:

Materialaufwand beträgt 285.500,00 Euro. Die Gesamtleistung 825.000,00 Euro. Die Materialaufwandsquote beträgt:

$285.000{,}00\ Euro \div 825.000{,}00\ Euro \times 100 = 34{,}6\ \%$

Hieraus wird deutlich, ob das Unternehmen produktiv tätig ist.

9.7 Goldene Bankregel

Die goldene Bankregel besagt:

Das langfristige Kapital soll das langfristige Vermögen übersteigen,

... damit das langfristige Vermögen nicht durch kurze Fälligkeiten bei seiner Finanzierung gefährdet ist.

Das kurzfristige Vermögen soll das kurzfristige Kapital übersteigen,

... damit die fristgerechte Begleichung kurzfristiger Verbindlichkeiten gesichert ist.

Zum kurzfristigen Vermögen zählen Debitoren und Kreditoren, kurze Laufzeit vorausgesetzt.

Langfristiges Vermögen entspricht dem Anlagevermögen.

Langfristiges Kapital sind meist Eigenkapital, Bankdarlehen und Pensionsrückstellungen.

Anlage 1: Schaubild Prüfreihenfolge Vorsteuerabzug

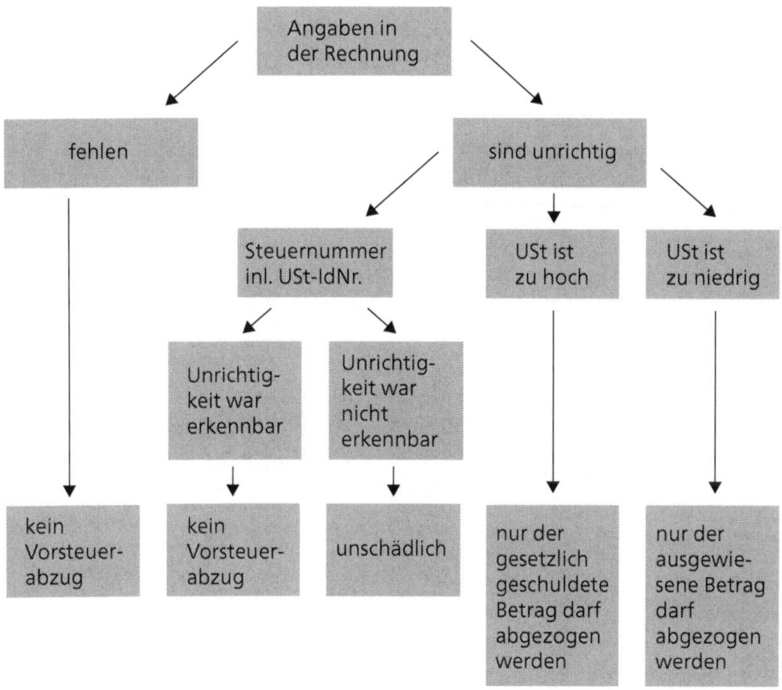

(Quelle: Eigene Darstellung)

Anlage 2: Checkliste Ordnungsgemäße Rechnung nach § 14 Abs. 4 UStG

1. Vollständiger Name und die vollständige Anschrift des leistenden Unternehmers und des Leistungsempfängers.
2. Die dem leistenden Unternehmer vom Finanzamt erteilte Steuernummer oder die ihm vom Bundeszentralamt für Steuern (BZSt) erteilte Umsatzsteuer-Identifikationsnummer bei Inlandsrechnungen; bei Rechnungslegung ins EU-/EWR-Land muss auf der Rechnung die USt-IdNr. des Leistenden und des Leistungsempfängers aufgeführt sein.
3. Ausstellungsdatum der Rechnung.
4. Eine fortlaufende (Rechnungs-)Nummer in einer oder mehrerer Zahlenreihen, die zur Identifizierung der Rechnung vom Rechnungsaussteller einmalig vergeben wird.
5. Menge und Art (handelsübliche Bezeichnung) der gelieferten Gegenstände oder Umfang und Art der sonstigen Leistung.
6. Zeitpunkt der Lieferung oder sonstigen Leistung oder der Vereinnahmung des Entgelts oder eines Teils des Entgelts in den Fällen des § 14 Abs. 5 S. 1 UStG (= Anzahlungen), sofern dieser Zeitpunkt feststeht und nicht mit dem Ausstellungsdatum identisch ist.
7. Das nach Steuersätzen und den Hinweis auf einzelne Steuerbefreiungen aufgeschlüsselte Entgelt (netto) für die Lieferung oder sonstige Leistung (§ 10 UStG) sowie jede im Voraus vereinbarte Minderung des Entgelts, sofern sie nicht bereits im Entgelt berücksichtigt ist.
8. Der anzuwendende Steuersatz.
9. Der auf das Entgelt entfallende Steuerbetrag oder im Fall einer Steuerbefreiung ein Hinweis darauf, dass für die Lieferung oder sonstige Leistung eine Steuerbefreiung gilt.
10. Hinweise zur Aufbewahrungspflicht (unter bestimmten Voraussetzungen).

Anlage 3: Checkliste Kleinbetragsrechnung nach § 33 UStDV (bis 250 Euro brutto)

1. Vollständiger Name und vollständige Anschrift des leistenden Unternehmers und des Leistungsempfängers.
2. Ausstellungsdatum der Rechnung.
3. Menge und Art (handelsübliche Bezeichnung) der gelieferten Gegenstände oder Umfang und Art der sonstigen Leistung.
4. Entgelt und hierauf entfallender Steuerbetrag in einer Summe.
5. Anzuwendender Steuersatz bzw. im Falle einer Steuerbefreiung den entsprechenden Hinweis.

Anlage 4: Reverse Charge bei Metallen

Anlage 3 (zu § 13b Absatz 2 Nummer 7 UStG)

Liste der Gegenstände im Sinne des § 13b Absatz 2 Nummer 7 UStG

Lfd. Nr.	Warenbezeichnung	Zolltarif (Kapitel, Position, Unterposition)
1	Granulierte Schlacke (Schlackensand) aus der Eisen- und Stahlherstellung	Unterposition 2618 00 00
2	Schlacken (ausgenommen granulierte Schlacke), Zunder und andere Abfälle der Eisen- und Stahlherstellung	Unterposition 2619 00
3	Schlacken, Aschen und Rückstände (ausgenommen solche der Eisen- und Stahlherstellung), die Metalle, Arsen oder deren Verbindungen enthalten	Position 2620
4	Abfälle, Schnitzel und Bruch von Kunststoffen	Position 3915
5	Abfälle, Bruch und Schnitzel von Weichkautschuk, auch zu Pulver oder Granulat zerkleinert	Unterposition 4004 00 00
6	Bruchglas und andere Abfälle und Scherben von Glas	Unterposition 7001 00 10
7	Abfälle und Schrott von Edelmetallen oder Edelmetallplattierungen; andere Abfälle und Schrott, Edelmetalle oder Edelmetallverbindungen enthaltend, von der hauptsächlich zur Wiedergewinnung von Edelmetallen verwendeten Art	Position 7112
8	Abfälle und Schrott, aus Eisen oder Stahl; Abfallblöcke aus Eisen oder Stahl	Position 7204
9	Abfälle und Schrott, aus Kupfer	Position 7404
10	Abfälle und Schrott, aus Nickel	Position 7503
11	Abfälle und Schrott, aus Aluminium	Position 7602
12	Abfälle und Schrott, aus Blei	Position 7802
13	Abfälle und Schrott, aus Zink	Position 7902
14	Abfälle und Schrott, aus Zinn	Position 8002
15	Abfälle und Schrott, aus anderen unedlen Metallen	aus Positionen 8101 bis 8113
16	Abfälle und Schrott, von elektrischen Primärelementen, Primärbatterien und Akkumulatoren; ausgebrauchte elektrische Primärelemente, Primärbatterien und Akkumulatoren	Unterposition 8548 10

Anlage 5: Reverse Charge bei Schrott

Anlage 4 (zu § 13b Absatz 2 Nummer 11 UStG)

Liste der Gegenstände, für deren Lieferung der Leistungsempfänger die Steuer schuldet

Lfd. Nr.	Warenbezeichnung	Zolltarif (Kapitel, Position, Unterposition)
1	Silber, in Rohform oder als Halbzeug oder Pulver; Silberplattierungen auf unedlen Metallen, in Rohform oder als Halbzeug	Positionen 7106 und 7107
2	Platin, in Rohform oder als Halbzeug oder Pulver; Platinplattierungen auf unedlen Metallen, auf Silber oder auf Gold, in Rohform oder als Halbzeug	Position 7110 und Unterposition 7111 00 00
3	Roheisen oder Spiegeleisen, in Masseln, Blöcken oder anderen Rohformen; Körner und Pulver aus Roheisen, Spiegeleisen, Eisen oder Stahl; Rohblöcke und andere Rohformen aus Eisen oder Stahl; Halbzeug aus Eisen oder Stahl	Positionen 7201, 7205 bis 7207, 7218 und 7224
4	Nicht raffiniertes Kupfer und Kupferanoden zum elektrolytischen Raffinieren; raffiniertes Kupfer und Kupferlegierungen, in Rohform; Kupfervorlegierungen; Pulver und Flitter aus Kupfer	Positionen 7402, 7403, 7405 und 7406
5	Nickelmatte, Nickeloxidsinter und andere Zwischenerzeugnisse der Nickelmetallurgie; Nickel in Rohform; Pulver und Flitter, aus Nickel	Positionen 7501, 7502 und 7504
6	Aluminium in Rohform; Pulver und Flitter, aus Aluminium	Positionen 7601 und 7603
7	Blei in Rohform; Pulver und Flitter, aus Blei	Position 7801; aus Position 7804
8	Zink in Rohform; Staub, Pulver und Flitter, aus Zink	Positionen 7901 und 7903
9	Zinn in Rohform	Position 8001
10	Andere unedle Metalle in Rohform oder als Pulver	aus Positionen 8101 bis 8112
11	Cermets in Rohform	Unterposition 8113 00 20

Anlage 6: UST 1 TG

Nachweis zur Steuerschuldnerschaft des Leistungsempfängers bei Bauleistungen und/oder Gebäudereinigungsleistungen

Hiermit wird zur **Vorlage bei dem leistenden Unternehmer/Subunternehmer**

bescheinigt, dass ____________________
(Name und Vorname bzw. Firma)

____
(Anschrift, Sitz)

☐ Bauleistungen im Sinne des § 13b Abs. 2 Nr. 4 UStG

☐ Gebäudereinigungsleistungen im Sinne des § 13b Abs. 2 Nr. 8 UStG

nachhaltig erbringt und

☐ unter der Steuernummer ____________________

☐ unter der Umsatzsteuer-Identifikationsnummer ____________________

registriert ist.

Für die o.g. empfangenen Leistungen wird deshalb **die Steuer vom Leistungsempfänger geschuldet** (§ 13b Abs. 5 UStG).

Diese Bescheinigung verliert ihre Gültigkeit mit Ablauf des: ____________________
(Die Gültigkeitsdauer der Bescheinigung ist auf einen Zeitraum von längstens drei Jahren nach Ausstellungsdatum zu beschränken.)

____
(Datum)

(Dienststempel)

____
(Unterschrift)
(Name und Dienstbezeichnung)

USt 1 TG - Nachweis zur Steuerschuldnerschaft des Leistungsempfängers bei Bau- und/oder Gebäudereinigungsleistungen - (09.14)

Anlage 7: UST 1 TH

Nachweis für Wiederverkäufer von Erdgas und/oder Elektrizität für Zwecke der Steuerschuldnerschaft des Leistungsempfängers

(§ 13b Abs. 2 Nr. 5 Buchstabe b und Abs. 5 UStG)

Hiermit wird zur **Vorlage bei dem leistenden Unternehmer bzw. unternehmerischen Leistungsempfänger** bescheinigt, dass

____

(Name und Vorname bzw. Firma)

____

(Anschrift, Sitz)

Wiederverkäufer von

☐ Erdgas [1)]

☐ Elektrizität [2)]

im Sinne von § 3g Abs. 1 UStG ist und

☐ unter der Steuernummer ______________________

☐ unter der Umsatzsteuer-Identifikationsnummer ______________________

registriert ist.

Diese Bescheinigung verliert ihre Gültigkeit mit Ablauf des: ______________________

(Die Gültigkeitsdauer der Bescheinigung ist auf einen Zeitraum von längstens drei Jahren nach Ausstellungsdatum zu beschränken.)

____

(Datum)

(Dienststempel)

____

(Unterschrift)

(Name und Dienstbezeichnung)

1) Für empfangene Lieferungen von Erdgas im Sinne von § 13b Abs. 2 Nr. 5 Buchstabe b UStG wird **die Steuer vom Leistungsempfänger geschuldet** (§ 13b Abs. 5 Satz 3 UStG).

2) Für Lieferungen von Elektrizität im Sinne von § 13b Abs. 2 Nr. 5 Buchstabe b UStG wird **die Steuer vom Leistungsempfänger geschuldet**, wenn auch der Vertragspartner Wiederverkäufer im Sinne von § 3g Abs. 1 UStG ist (§ 13b Abs. 5 Satz 4 UStG).

USt 1 TH - Nachweis für Wiederverkäufer von Erdgas und/oder Elektrizität - (09.14)

Zur Autorin

Birgitta Dennerlein, Steuerberaterin, Dipl. Betriebswirtin (B. A.) war Managerin bei einer international tätigen Steuerberatungs- und Wirtschaftsprüfungsgesellschaft. Seit 2011 ist sie selbstständig tätig und berät als Steuerberaterin und Mediatorin mittelständische und familiengeführte Unternehmen. Sie ist als Referentin im Bereich Unternehmensbesteuerung und Bilanzierung tätig.